U0077502

LINE
社群的集客吸粉
行銷必勝術　榮欽科技　著

多元服務與應用內容，創新的行銷與服務通道

快速了解
LINE
的基礎知識

靈活運用
群組與社群
攻略

LINE

學會多人
管理官方帳號
的後台

掌握 LINE
官方帳號的
行銷利器

了解外掛
模組市集與
廣告方案

24H

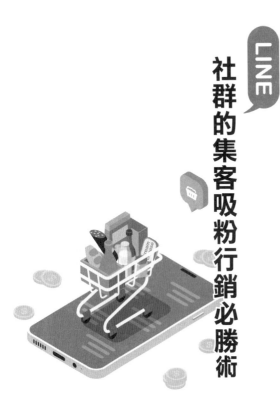

LINE
社群的集客吸粉行銷必勝術

作　　者：榮欽科技
責任編輯：賴彥穎 Kelly

董 事 長：陳來勝
總 編 輯：陳錦輝

出　　版：博碩文化股份有限公司
地　　址：221 新北市汐止區新台五路一段 112 號 10 樓 A 棟
　　　　　電話 (02) 2696-2869　傳真 (02) 2696-2867

郵撥帳號：17484299　戶名：博碩文化股份有限公司
博碩網站：http://www.drmaster.com.tw
讀者服務信箱：dr26962869@gmail.com
訂購服務專線：(02) 2696-2869 分機 238、519
（週一至週五 09:30 ～ 12:00；13:30 ～ 17:00）

版　　次：2021 年 4 月初版

建議零售價：新台幣 500 元
Ｉ Ｓ Ｂ Ｎ：978-986-434-748-3（平裝）
律師顧問：鳴權法律事務所 陳曉鳴 律師

本書如有破損或裝訂錯誤，請寄回本公司更換

國家圖書館出版品預行編目資料

LINE 社群的集客吸粉行銷必勝術 / 榮欽科技著 . -- 初
版 . -- 新北市：博碩文化股份有限公司, 2021.04
　　面；　公分

ISBN 978-986-434-748-3(平裝)

1. 網路行銷 2. 網路社群

496　　　　　　　　　　　　　　110004381

Printed in Taiwan

歡迎團體訂購，另有優惠，請洽服務專線
博碩粉絲團　(02) 2696-2869 分機 238、519

序言

LINE 提供了多元服務與應用內容，不但創造足夠的眼球商機與目光，更讓行銷可以不僅限於社群媒體的內容創作，而是屬於共同連結思考的客製化行銷模式，並成為一種創新的行銷與服務通道。LINE 的封閉性和資訊接收的精準度，帶來了一種全新的商業方式，只要一部手機與朋友圈就可以準備開始在行動社群網路賣貨，通過提供使用者需要的資訊，推廣自己的品牌與產品，實現點對點的個人化行銷。在社群行銷的層面上，無論臉書的粉專或 LINE 的群組經營，最重要的都是活躍度，參加群組的成員並不是為了要看廣告而加入，所以當你設立群組後，必須以經營朋友圈的態度來對待所有成員。

最令人讚賞的是 LINE 官方帳號提供許多 LINE 個人帳號沒有的功能，例如群發訊息、分眾行銷、自動訊息回覆、多元的訊息格式、集點卡、優惠券、問卷調查、數據分析、圖文選單…等功能，不僅如此，LINE 官方帳號也允許多人管理，透過專屬帳號與好友互動，能串連與好友之間的生活圈，將線上的好友轉成實際消費顧客群，並定期更新動態訊息，爭取最大的品牌曝光機會。

為了擴充官方帳號更多實用的功能，我們還可以將 LINE 合作廠商所開發的外掛模組直接串接 LINE 官方帳號，而使用外掛模組最大的好處就是不需要任何技術開發就能直接使用這些實用的功能。

本書的寫作思維是以活用 LINE 進行社群行銷的角度，方便學習者跟著本書所安排的章節架構，學會許多 LINE 實用功能及 LINE 官方帳號的行銷與管理工具。這些精彩的主題諸如：行動行銷的定義與特性、行動社群網路簡介、社群行銷的密技、LINE 貼圖、個人檔案的設定、LINE 群組、虛擬人像、聊天室的私房功能、群組商品行銷、LINE 行銷的贏家地圖、Keep 筆記、官方帳號經營攻略、官方帳號後台管理、貼文串技巧、LINE 顧客關係管理、群發訊息、分眾推播訊息、自動回應訊息、優惠券製作、集點卡、圖文選單、LINE 問卷調查、數據分析、外掛模組、LINE 廣告…等。底下為本書各章精彩單元：

- 行動行銷與 LINE 社群的黃金入門課
- 秒殺拉客的 LINE 行銷入門工作
- 不藏私的群組行銷必殺技

- LINE 官方帳號的超強集客心法

- 買氣紅不讓的帳號經營攻略

- 課堂上保證學不到的 LINE 顧客關係管理

- 最霸氣的 LINE 業績提高工作術

- 引爆 LINE 行銷的精準創新工具

　　最後筆者希望各位在學習本書內容後，可以學會 LINE 社群的行動行銷的各種淘金術，雖然校稿時力求正確無誤，但仍惶恐有疏漏或不盡理想的地方，誠望各位不吝指教。

目錄

Chapter 02　秒殺拉客的 LINE 行銷贏家工作術

Chapter 03　不藏私的群組行銷必殺技

Chapter 04　LINE 官方帳號的超強集客心法

Chapter **05　買氣紅不讓的帳號經營攻略**

Chapter 06　課堂上保證學不到的 LINE 顧客關係管理

Chapter 07　最霸氣的 LINE 業績提高工作術

Chapter 08 引爆 LINE 行銷的精準創新工具

A ppendix **A　老鳥鐵了心都要懂得最夯數位行銷術語**

C HAPTER

行動行銷與 LINE 社群
的黃金入門課

01

隨著 5G 行動寬頻、網路和雲端服務（Cloud Service）產業的帶動下，無線通訊無所不在的行動裝置充斥著我們的生活，這股「新眼球經濟」所締造的市場經濟效應，正快速連結身邊所有的人、事、物，改變著我們的生活習慣，讓現代人在生活模式、休閒習慣和人際關係上有了前所未有的全新體驗。

↑LINE APP 讓你隨時隨地輕鬆購

> **TIPS** 5G 是行動電話系統第五代，也是 4G 之後的延伸，5G 技術是整合多項無線網路技術而來，對一般用戶而言，最直接的感覺是 5G 比 4G 又更快、更不耗電，預計未來將可實現 10Gbps 以上的傳輸速率。雲端其實是泛指「網路」，「雲端服務」（Cloud Service），就是透過雲端運算將各種服務無縫式的銜接，讓使用者可以連接與取得由網路上多台遠端主機所提供的不同服務。

隨著智慧型手機的普及，不少個人和企業藉行動通訊軟體增進工作效率與降低通訊成本，甚至還能作為企業對外宣傳發聲的管道，行動通訊軟體已經迅速取代傳統手機簡訊。在台灣，國人最常用的前十名 APP 中，即時通訊類佔了四個名次，而第一名便是 LINE。隨著 LINE 社群的熱門而蓬勃興起的行動行銷，也能做為一種創新

的行銷與服務通道。例如其他像是 FB 與 IG 社群，本身雖然算是媒體平台，內容才是重點，功能就在資訊的產出與傳播，Line 則是專注在個人，雖然在資訊傳播上廣度不如 FB 與 IG，但是著重於品牌與人之間的交流，讓加入的用戶能夠在與 LINE 的接觸中感受出品牌與眾不同的特殊魅力！

🎧LINE 儼然成為現代台灣人生活的重心了

　　LINE 更提供了多元服務與應用內容，不但創造足夠的眼球與目光，更讓行銷可以不僅限於社群媒體的內容創作，而是屬於共同連結思考的客製化行銷模式，只要一個人、一部手機與朋友圈就可以準備在行動社群網路開賣賺錢了，才是 LINE 社群的真正行銷價值所在。

> **TIPS** App 是 Application 的縮寫，就是軟體開發商針對智慧型手機及平版電腦所開發的一種應用程式，App 涵蓋的功能包括了圍繞於日常生活的的各項需求。App 是現代企業或品牌經營者直接與客戶溝通的管道，有了 App，企業就等同為自己創造了巨大曝光機會的自媒體，還可作為展示品牌特點的最佳平台，許多知名購物商城或網站，開發專屬 App 也已成為品牌與網路店家必然趨勢。

1-1 認識行動行銷

　　自從 2015 年開始，行動裝置的使用者人數，開始呈現爆發性的成長，現代人人手一機，人們的視線已經逐漸從電視螢幕轉移到智慧型手機上，從網路優先（Web First）轉向行動優先（Mobile First）靠攏的數位浪潮上，而且這股行銷趨勢越來越明顯。事實上，跟所有其他行銷平台媒體相比，行動行銷的轉換率（Conversation Rate）及投資報酬率 ROI（Return of Investment）最高。

> **TIPS** **轉換率**（Conversion Rate）就是網路流量轉換成實際訂單的比率，訂單成交次數除以同個時間範圍內帶來訂單的廣告點擊總數。投資報酬率（Return of Investment）則是指通過投資一項行銷活動所得到的經濟回報，以百分比表示，計算方式為淨收入（訂單收益總額–投資成本）除以「投資成本」。

　　時至今日，消費者在網路上的行為越來越複雜，這股行動浪潮也帶動行動上網逐漸成為網路服務之主流，行動行銷（Mobile Marketing）可以看成是數位行銷（Digital Marketing）的升級與延伸，越來越多消費者使用行動裝置購物，藉由人們日益需求行動通訊，連帶也使行動行銷成為兵家必爭之地。伴隨著這一趨勢，行動行銷迅速發展，所帶來的正是快速到位、互動分享後所產生產品銷售與業績成長的無限商機。

　　行動行銷（Mobile Marketing），最簡單的說法就是透過行動工具與無線通訊技術為基礎來進行行銷的一種方式，更讓行銷的活動延伸到人們線下（off-line）生活，這同時也宣告真正無縫行動銷售服務及跨裝置體驗的時代來臨。

♠ 行動行銷的四種特性

⋒L'Oreal 彩妝成功用行動 APP 隨時隨地行銷客戶

　　行動行銷已經成為全球品牌關注的下一個戰場，相較於傳統的電視、平面，甚至於網路媒體，行動媒體除了讓消費者在使用時的心理狀態和過去大不相同，特別是行動消費者缺乏耐心、渴望和自己相關的訊息，如果訊息能引發消費者興趣，他們會立即行動，並且能同時創造與其他傳統媒體相容互動的加值性服務。行動行銷已經成為一種必然的趨勢，因為行動行銷擁有如此廣大的商機，使得許多企業紛紛加速投入這塊市場，企業或品牌唯有掌握行動行銷的四種特性，才能發會行動行銷的最大效益。

1-1-1　個人化

　　智慧型手機是一種比桌上型電腦更具個人化（Personalization）特色的裝置，就像隨身的鑰匙一樣，已成為現代大部份人出門必帶的物品，因為消費者使用行動裝置時，由於眼球能面向的螢幕只有一個，很有助於協助廣告主更精準鎖定目標顧客，將可以發揮有別於大量傳播訊息管道的傳播效果。因為越貼近消費者，發生實質轉換的機會越高，真正達到進行一對一的行銷，讓消費者感到賓至如歸以及獨特感。

　　目前以年輕族群為主的滑世代，已經從過往需要被教育的角色，轉變到主動搜尋訊息來主導一切的特質，行動行銷的最大價值就是透過「人工智慧」（Artificial

Intelligence, AI）與過去所蒐集的數據與資料（例如點擊、瀏覽、放入購物車、購買和訂閱），從中挖掘出特定顧客的喜好及行為意向，並依照個人經驗所打造的專屬行銷內容和服務，因此增加許多行銷策略與活動的創新可能性。最普遍的是使用者在行動時能同步獲得資訊、服務、及滿足個人的需求，讓消費者覺得這個網站是似乎專門為我客製設計，個人化的特性帶給行動行銷的最大附加價值，不但能精確掌握消費者行為習慣，提供貼心與客製化的服務，更可以快速增加顧客的忠誠度。

○獨具特色的個人化行銷在行動平台上大受歡迎

> **TIPS** 人工智慧（Artificial Intelligence,AI）的概念最早是由美國科學家 John McCarthy 於 1955 年提出，目標為使電腦具有類似人類學習解決複雜問題與展現思考等能力，也就是由電腦所模擬或執行，具有類似人類智慧或思考的行為，例如推理、規畫、問題解決及學習等能力。

1-1-2 即時性

　　行動行銷相較於傳統行銷有更多的即時性（instantaneity），擺脫以往必須在定點上網的限制，消費者可以透過各種行動管道，不但能立即連結產品資訊，還可延伸到更多服務的觸角，真正做到在最適當的時間、將最適當的訊息、傳給最適當的對象，以轉換成真正消費的潛在動力，增加消費者購物的便利性。

由於「碎片化時代」（Fragmentation Era）來臨，消費者參與意願提高，互動的速度更即時快速，如何抓緊消費者眼球是重要行銷關鍵，當消費者產生購買意願時，習慣透過行動裝置這類最貼身的工具達到目的，尤其對即時性的需求與訊息擁有更高期待，此時最容易能吸引他們對於行銷訴求的注意。

♫ PChome24h 購物 app，讓你隨時隨地輕鬆購

TIPS 碎片化時代（Fragmentation Era）是代表現代人的生活被很多碎片化的內容所切割，因此想要抓住受眾的球越來越難，同樣的品牌接觸消費者的地點也越來越不固定，接觸消費者的時間越來越短暫，碎片時間搖身一變成為贏得消費者的黃金時間，電商想在行動、分散、碎片的條件下讓消費者動心，成為今天行動行銷的重要課題。

相信未來行動通訊的服務品質會越來越好，更可用較低廉的費用享受到更方便暢通的行動服務，網路上買賣雙方可以立即回應，例如外出旅遊時，可以直接利用手機搜尋天氣、路線、當地名勝、商圈、人氣小吃與各種消費資訊等等，讓消費者時時刻刻接收各項行動服務新資訊，增加購物的多元選擇與加深品牌或產品的印象。

1-1-3 定位性

定位性（Localization）行銷長期以來就一直是廣告主的夢想，它代表能夠透過行動裝置探知消費者目前所在的地理位置，並能即時將行銷資訊傳送到對的客戶手中，讓服務能清楚衡量效益，更能掌握精準目標族群，甚至還可以隨時追蹤並且定位，甚至搭配如GPS技術，讓使用者的購物行為可以根據地理位置的偵測，就可以名正言順的提供適地性行動行銷服務，使得消費者能夠立即得到想要的消費訊息與店家位置，例如手機的定位功能更像是消費者的導航系統，帶領消費者參觀整個體驗之旅。

> **TIPS** 全球定位系統（Global Positioning System, GPS）是透過衛星與地面接收器，達到傳遞方位訊息、計算路程、語音導航與電子地圖等功能，目前有許多汽車與手機都安裝有GPS定位器作為定位與路況查詢之用。

台灣奧迪汽車推出可免費下載的Audi Service App，專業客服人員提供全年無休的即時服務，為提供車主快速且完整的行車資訊，並且採用最新行動定位技術，當路上有任何緊急或車禍狀況發生，只需按下聯絡按鈕，客服中心與道路救援團隊可立即定位取得車主位置。

♠ 奧迪汽車推出Audi Service App，並採用行動定位技術

1-1-4　隨處性

　　「消費者在哪裡、品牌行銷訊息傳播就到哪裡！」，隨著無線網路越來越普及，行動生活儼然從消費者心中的選配，轉變為標準配備，在消費者方便的時間、地點，及其條件來溝通互動，消費者不論上山下海隨時都能帶著行動裝置到處跑，因為「隨處性」（Ubiquity）能夠清楚連結任何地域位置，除了隨處可見的行銷訊息，還能協助客戶隨處了解商品及服務，滿足使用者對即時資訊與通訊的需求。

⋂ELLE 時尚網站透過行動行銷在全球各地發行新品

　　目前行動通訊範圍幾乎涵蓋現代人活動的每個角落，行動化已經成為一股勢不可擋的力量，不但普及全球各地，也能使商業行為直接跨越國家藩籬。全世界每一角落都可能具有潛在顧客，許多知名品牌的商品顯然都在進行全球化行銷（Global marketing），不管我們走在台北、東京或紐約等大都會的街頭，都有可能接收到行銷的訊息。

　　全球化帶來前所未有的商機，特別是行動科技加速帶動下的地球村互動的新時代，消費者們的品味趨向小眾化與客製化，克裡斯‧安德森（Chris Anderson）於2004年就首先提出「長尾效應」（The Long Tail）的現象，也就是所有非主流的市場累加起來，就會形成一個比流行市場還大的市場，全家董事長潘進丁認為：「麻雀的尾巴一旦拉長，也會變成鳳凰。」，就像實體店面也可以透過無所不在的行動平台，讓平常迴轉率低的商品免於被下架的命運。

01

行動行銷與 LINE 社群的黃金入門課

> **TIPS** 由於網路經濟帶動下的全球化的效應，克裡斯・安德森（Chris Anderson）於 2004 年首先提出長尾效應（The Long Tail）的現象，也顛覆了傳統以暢銷品為主流的觀念。由於實體商店都受到 80/20 法則理論的影響，多數店家都將主要資源投入在 20% 的熱門商品（big hits），過去一向不被重視，在統計圖上像尾巴一樣的小眾商品，因為全球化市場的來臨，即眾多小市場匯聚成可與主流大市場相匹敵的市場能量，可能就會成為具備意想不到的大商機，足可與最暢銷的熱賣品匹敵。

1-2 行動社群網路簡介

時至今日，我們的生活已經離不開網路，網路正是改變一切的重要推手，而現在與網路最形影不離的就是「社群」。社群的觀念可從早期的 BBS、論壇，一直到部落格、Plurk（噗浪）、Twitter（推特）、Pinterest、Youtubler、Instagram、Facebook 到 LINE，主導了整個網路世界中人跟人的對話，社群成為 21 世紀的主流媒體，從資料蒐集到消費，人們透過這些社群作為全新的溝通方式，這已經從根本撼動我們現有的生活模式了。

❶臉書行銷活動已經和日常生活形影不離

今日的的社群媒體，甚至已進化成擁有策略思考與行動能力的行銷利器，愈來愈多社群提供了行動版的 App，行動社群逐漸在行動行銷服務的案例中受到矚目，更讓全球電商們有了全新的行銷管道。由於這些服務具有互動性，還可以透過行動社群力量，把行銷的內容與訊息擴散給更多人看到，能夠讓大家在共同平台上，彼此快速溝通與交流。隨著人們停留在行動社群平台的時間越來越多，正因為「行動」這個特性，其中社群行為中最受到歡迎的許多功能，包括照片分享、旅遊資訊（含適地性服務）、線上通話聊天、影片上傳下載等功能變得更能隨處使用，透過朋友間的串連、分享、社團、粉絲頁的高速傳遞，使品牌與行銷資訊有機會觸及更多的顧客。

> **TIPS** 「社群網路服務」（SNS）是 Web 體系下的一個技術應用架構，基於哈佛大學心理學教授米爾格藍（Stanely Milgram）所提出的「六度分隔理論」（SixDegreesofSeparation）來運作。這個理論主要是說在人際網路中，平均而言，只需在社群網路中走六步即可到達，簡單來說，即使位於地球另一端的你，想要結識任何一位陌生的朋友，中間最多只要通過六個朋友就可以。

1-2-1 社群商務

當各位平時心中浮現出購買某種商品的慾望，如果對某些商品不熟悉，是不是會不自覺打開 Line、臉書、IG、Google 或其他網路平台，尋求網友對購買過這項商品的使用心得，比起一般傳統廣告，現在的消費者更相信網友或粉絲的介紹，根據國外最新的統計，88% 的消費者會被社群其他用戶的意見或評論所影響，表示 C2C（消費者影響消費者）模式的力量愈來愈大，已經深深影響大多數重度網路者的購買決策，這就是社群口碑的力量，藉由這股勢力，漸漸的發展出另一種商務形式「社群商務（Social Commerce）」。

社群商務真的有那麼大威力嗎？根據最新的統計報告，有 2/3 美國消費者購買新產品時會先參考社群上的評論，且有 1/2 以上受訪者會因為社群媒體上的推薦而嘗試新品牌。大陸紅極一時的小米機運用社群經營與粉絲專頁，發揮口碑行銷的最大效能，使得小米品牌的影響力能夠迅速在市場上蔓延，也能讓小米機在上市前就得到充分的曝光。

∩ 小米機成功運用社群商務贏得長紅業績

臉書創辦人馬克佐克伯：「如果我一定要猜的話，下一個爆發式成長的領域就是「社群商務」（Social Commerce）」，社群商務（Social Commerce）的定義就是社群與商務的組合名詞，透過社群平台獲得更多顧客，由於社群中的人們彼此會分享資訊，相互交流間接產生了依賴與歸屬感，並利用社群平台的特性鞏固粉絲與消費者，不但能提供消費者在社群空間的討論分享與溝通，又能滿足消費者的購物慾望，更進一步能創造企業或品牌更大的商機。

1-2-2 粉絲經濟

在二十世紀末期，隨著電腦平價化、作業系統簡單化與網際網路興起等種種因素組合起來，也同時帶動了網路經濟的盛行，這個現象更帶來許多數位化的衝擊與變革。「網路經濟」是一種分散式的經濟，帶來了與傳統經濟方式完全不同的改變，最重要的優點就是可以去除傳統中間化，降低市場交易成本，整個經濟體系的市場結構也出現了劇烈變化，這種現象讓自由市場更有效率地靈活運作。在傳統經

濟時代，價值來自產品的稀少珍貴性，對於網路經濟所帶來的網路效應（Network Effect）而言，有一個很大的特性就是產品的價值取決於其總使用人數，也就是規模，透過網路無遠弗屆的特性，一旦使用者數目跨過門檻，也就是越多人有這個產品，那麼它的價值自然越高，更能開發出多元與長尾效應的內容，這才是網路時代最重要的顛覆力量。

ⓝTT 面膜成功開拓了粉絲經濟的亮眼商機

由於社群平台的崛起、推薦分享力量的日益擴大，消費者孤軍奮鬥的時代漸趨式微，粉絲經濟時代宣告來臨，粉絲經濟算是一種新的網路經濟形態，社群成員之間的互動是粉絲經濟運作的動力來源，泛指架構在粉絲（Fans）和被關注者關係之上的經營性創新行為，店家和粉絲就像一對戀人樣，在這個時代做好粉絲經營，要知道粉絲到社群是來分享心情，而不是來看廣告，現在的消費者早已厭倦了老舊的強力推銷手法，唯有仔細傾聽彼此需求，關係才能走得長遠。

1-2-3 揭開社群消費者的面紗

網際網路的迅速發展改變了科技改變店家與顧客的互動方式，創造出不同的服務成果，一般傳統消費者之購物決策過程，是由廠商將資訊傳達給消費者，並經過一連串決策心理的活動，然後付諸行動，我們知道傳統消費者行為的 AIDA 模式，主要是期望能讓消費者滿足購買的需求，所謂 AIDA 模式說明如下：

- 注意（Attention）：網站上的內容、設計與活動廣告是否能引起消費者注意。
- 興趣（Interest）：產品訊息是不是能引起消費者興趣，包括產品所擁有的品牌、形象、信譽。
- 渴望（Desire）：讓消費者看產生購買慾望，因為消費者的情緒會去影響其購買為。
- 行動（Action）：使消費者產立刻採取行動的作法與過程。

　　全球網際網路的商業活動，尚在持續成長階段，同時也促成消費者購買行為的大幅度改變，消費者化「被動」為「主動」，從一昧接受廣告訊息，轉而積極搜尋或分享有興趣的產品或服務。根據國外知名機構的統計，網路消費者以 30-49 歲男性為領先，教育程度則以大學以上為主，充分顯示出高學歷與相關專業人才及學生，多半為網路購物之主要顧客群。相較於傳統消費者來說，隨著購買頻率的增加，消費者會逐漸累積購物經驗，而這些購物經驗會影響其往後的購物決策，網路消費者的模式就多了兩個 S，也就是 AIDASS 模式，代表搜尋（Search）產品資訊與分享（Share）產品資訊的意思。

　　全新購買行為模式崛起　消費者最愛「做功課」，當心中浮現出購買某種商品的慾望，通常會不自覺打開 Google、LINE、臉書、IG 或搜尋各式網路平台，搜尋網友對購買過這項商品的使用心得或相關經驗，或專注在「特價優惠」的網路交易，購物者通常都會投入很多時間在這個產品搜尋的過程，特別是年輕購物者都有行動裝置，很容用來尋找最優惠的價格，所以搜尋（Search）是網路消費者的一個重要特性，因此當你的產品能先被看到和搜尋到，產品本身和競品間差異化自然會有所不同！

○搜尋與分享是網路消費者的最重要特性

此外，喜歡分享（Share）也是網路消費者的另一種特性之一，網路最大的特色就是打破了空間與時間的藩籬，與傳統媒體最大的 同在於「互動性」，由於大家都喜歡在網路上分享與交流，分享（Share）是行銷的終極武器，除了能迅速傳達到消費族群，也可以透過消費族群分享到更多的目標族群裡。

1-2-4 品牌藝術的小心思

品牌（Brand）就是一種識別標誌，也是一種企業價值理念與商品質優異的核心體現，甚至品牌已經成長為現代企業的寶貴資產，我們可以形容品牌就是代表店家或企業你對客戶的一貫承諾，最終目的不只是追求銷售量與效益，而是重新思維與定位自身的品牌策略，最重要的是要能與消費者引發「品牌對話」的效果。社群行銷的第一步驟就是要了解你的品牌定位，並且分析出你的「目標受眾」（Target Audience, TA），因為消費者是否購買商品時，決定性的因素不再只有價格，對於品牌所傳達出的理念、個性消費者也都有自己的一套喜好標準。品牌透過社群行銷儼然已經成為一股顯學，近年來也成為一個熱詞進入越來越多商家與專業行銷人的視野。

🎧蝦皮購物平台社群行銷的策略就是「品牌大於導購」

例如最近相當紅火的蝦皮購物平台在進行社群行銷的終極策略就是「品牌大於導購」，有別於一般購物社群把目標放在導流上，他們堅信將品牌建立在顧客的生

活中，建立在大眾心目中的好印象才是現在的首要目標。社群品牌行銷要成功，首先要改變傳統思維，成功的關鍵在於與客戶建立連結。

⋒東京著衣經常透過臉書或 Line 與粉絲交流

　　隨著目前社群的影響力愈大，培養和創造品牌的過程是一種不斷創新的過程，社群行銷不是只把粉絲專頁當成廣告欄，還要運用各種不同的方式經營內容，讓粉絲最後成為品牌的擁護者。例如最近相當紅火的蝦皮購物平台在進行社群行銷的終極策略就是「品牌大於導購」，有別於一般購物社群把目標放在導流購物上，反而他們堅信將品牌建立在顧客的生活中，建立在大眾心目中的好印象才是現在的首要目標。

1-2-5　SOLOMO 模式

　　近年來公車上、人行道、辦公室，處處可見埋頭滑手機的低頭族，隨著愈來愈多社群提供了行動版的行動社群，透過手機使用社群的人口正在快速成長，形成行動社群網路（mobile social network），這是一個消費者習慣改變的結果，同樣是社群，換到行動裝置就是截然不同的戰場，特別是店家得到的數據更具體而精確；這將是最能了解消費者的時候，當然有許多店家與品牌在 SoLoMo（Social、Location、Mobile）模式中趨勢而起。

所謂 SoLoMo 模式是由 KPCB 合夥人約翰、杜爾 John Doerr）2011 年提出的一個趨勢概念，強調「在地化的行動社群活動」，主要是因為行動裝置的普及和無線技術的發展，讓 Social（社交）、Local（在地）、Mobile（行動）三者合一能更為緊密結合，顧客會同時受到社群（Social）、行動裝置（Mobile）、以及本地商店資訊（Local）的影響，代表行動時代消費者會有以下三種現象：

- 社群化（Social）：在行動社群網站上互相分享內容已經是家常便飯，很容易可以仰賴社群中其他人對於產品的分享、討論與推薦。

- 本地化（Local）：透過即時定位找到最新最熱門的消費場所與店家訊息，並向本地店家購買服務或產品。

- 行動化（Mobile）：民眾透過手機、平板電腦等裝置隨時隨地查詢產品或直接下單購買。

🎧 行動社群行銷提供即時購物商品資訊

　　例如想找一家評價比較高的餐廳用餐，透過行動裝置上網與社群分享的連結，然而藉由適地性服務（LBS）找到附近的口碑不錯的用餐地點，都是 SoLoMo 最常見的生活應用。

1-3 全通路的行動零售模式

在今天「社群」與「行動裝置」的迅速發展下, 零售業態已進入 4.0 時代, 宣告零售業正式從多通路 (multi-channel) 轉變成全通路 (Omni-Channel) 的虛實整合型態, 全通路與多通路型態的最大不同是各通路彼此並非獨立運行, 而是讓不同通路間進行會員資料與消費訊息的共享與連結, 專注於成為全管道、全天候、全頻道的消費年代。全通路的「賣場」已不再只是店面, 而是在任何時間、地點都能進行購買行為的平台, 並以消費者為中心的 24 小時營運模式, 運用物聯網滿足顧客的需要, 消費者線上線下的購物足跡都能被即時蒐集、分析並推送最被需要的資訊, 更有效的滿足消費者, 業者將利用不同互動方式來達到多元完善的消費體驗效果。

TIPS 多通路零售 (multi-channel) 是指企業採用兩條或以上完整的零售通路進行銷售活動, 每條通路都能完成銷售的所有功能, 例如同時採用直接銷售、電話購物或在 PChome 商店街上開店, 也擁有自己的品牌官方網站, 就是每條通路都能完成買賣的功能。

好市多虛實整合通路的成果十分受到歡迎

1-3-1　O2O 模式

O2O 模式就是整合「線上（Online）」與「線下（Offline）」兩種不同平台所進行的一種行銷模式，可以讓顧客透過線上的購買動作，「促進」線下的到店取貨或接受服務，廣義來說聚焦在「將消費者從網路上帶到實體商店」。

🎧 王品的買家於線上付費購買，然後至實體餐廳用餐

由於目前的消費者都能「Always Online」，讓線上與線下能快速接軌，一旦連結成功，這是巨大的商業加乘效果，透過改善線上消費流程，直接帶動線下消費，特別適合「異業結盟」與「口碑銷售」，因為 O2O 的好處在於訂單於線上產生，每筆交易可追蹤，也更容易溝通及維護與用戶的關係，如此才能以零距離提升服務價值，包括流暢地連接瀏覽商品到消費流程，打造全通路的 360 度完美體驗。

1-3-2　反向 O2O 模式

隨著 O2O 迅速發展後，現在也越來越多店家採用反向的 O2O 通路模式（Offline to Online），從實體通路（線下）連回線上，就是將上一節傳統的 O2O 模式做法倒反過來，消費者可透過在線下實際體驗後，再透過 QR code 或是行動終端連結等方

式，引導消費者到線上消費，並且在線上平台完成購買並支付，達到充分利用消費者的自助性與節省企業的人工交易成本。

反向 O2O 模式就是回歸了實體零售的本質，儘可能保持或提高消費者在傳統模式時的體驗，將消費者引導到線上，更容易傾聽消費者的反饋，從而為消費者提供具有針對性的產品推薦，引導其進行二次消費，包括餐廳、咖啡館、酒吧、美容院、大賣場或者生活服務產業等都具有這樣的改變趨勢。例如南韓特易購（Tesco）的虛擬商店首次與三星合作，在地鐵內裝置了多面虛擬商店數位牆，當通勤族等車瀏覽架上商品時，透過 QR code 或是行動終端連結等方式，就可以快快樂樂一邊等車、一邊購物，然後等宅配直接送貨到府即可。

⋒特易購的虛擬商店可以讓顧客一邊等車、一邊購物

1-3-3　ONO 模式

在初期要成功把 O2O 模式做好是相當不容易，最好是起步時先能做到線上與線下融合，也就是 ONO 模式。所謂 ONO（Online and Offline）模式，就是將線上網路商店與線下實體店面能夠高度結合的共同經營模式，從而實現線上線下資源互通，雙邊的顧客也能彼此融合的一體化雙店經營模式。

由於大多數消費者對實體購物還是情有獨鍾，網路雖然方便，實體商店還是具有電商完全沒有辦法提供的加值體驗服務，除了擁有真人的服務與溫度，包括「即買即用」，「所見既所得」也是實體商店的一大優勢。例如阿里巴巴創辦人馬雲更積極入股實體零售業大潤發，進一步打通線上線下的通路，實現品牌的全通路佈局，不但能改善傳統門市的經營效率，更能發展出顛覆實體零售的創新模式。

阿里巴巴與大潤發聯手經營全通路零售

TIPS OIO（Online interacts with Offline）模式就是線上線下互動經營模式，近年電商業者陸續建立實體據點與體驗中心，即除了電商提供網購服務之外，並協助實體零售業者在既定的通路基礎上，可以給予消費者與商品面對面接觸，並且為消費者提供交貨或者送貨服務，彌補了電商平台經營服務的不足。

1-3-4 O2M/OMO 模式

現在愈來愈多行動購物族群都是全通路消費者，電商面臨的消費者是一群全天候、全通路無所不在的消費客群，傳統 O2O 手段已無法滿足全通路快速的發展速度，以往電商可能只要關注 PC 端用戶，但是現在更要關注行動端用戶。行動購物的熱潮更朝虛實整合 OMO（Online / Offline to Mobile）體驗發展，包括流暢地連接瀏覽商品到消費流程，線上線下無縫整合的行銷體驗。

↑GOMAJI 經由 O2O 轉型成為賣吃喝玩樂券的 O2M 平台

O2M 是線下（Offline）與線上（Online）和行動端（Mobile）進行互動，或稱為 OMO（Offline Mobile Online），也就是 Online（線上）To Mobile（行動端）和 Offline（線下）To Mobile（行動端）並在行動端完成交易，與 O2O 不同，O2M 更強調的是行動端，線上與線下將隨時相互匯流，打造線上 - 行動 - 線下三位一體的全通路模式，形成實體店家、網路商城、與行動終端深入整合行銷，並在線下完成體驗與消費的新型交易模式。行動科技的進步推動了 OMO 模式的發展，從本質上講，O2M 就是 O2O 的升級版，想要邁向線上線下深度融合的 O2M 階段，兩者相輔相成，大大提升了消費者購物熱情以及用戶體驗。

1-3-5 OSO 模式

行動平台的最大特色就是實現店家和消費者之間接觸點的擴大，特別是和顧客體驗與直接服務串連起來。所謂 OSO（Online Service Offline）模式並不是線上與線下的簡單組合，而是結合 O2O 模式與 B2C 的行動電商模式，把用戶服務納入進來的新型電商運營模式即線上商城 + 直接服務 + 線下體驗。

🎧 無印良品貼心提供直接諮詢服務，傾聽顧客對服飾的各種煩惱

　　如果與O2O模式相比，OSO模式的優勢特別增加了直接服務環節，通過OSO模式可以很好把線上與線下有效地聯繫起來，整合現有的資源發展是當前任務重點，並且強調服務的關鍵性和重要性，應該要從「體驗服務」中滲入，服務產生的好處會是倍增效益，絕對比直接用「促使消費」的方式來得更加吸引客群，線上線下保持價格統一，促銷與服務同步，用戶可以直接提出對於產品需求的諮詢，讓消費者能夠更輕鬆購買，真正為消費者提供必要的即時服務。

1-4　行動社群STP策略規劃-我的客戶在哪？

　　現代企業所面臨的市場就是一個不斷變化的商業競爭環境，而消費者也變得越來越精明，首先我們要了解並非所有消費者都是你的目標客戶，企業必須從目標市場需求和市場行銷環境的特點出發，特別應該要聚焦在目標族群，透過環境分析階段了解所處的市場位置，再透過網路行銷規劃確認自我競爭優勢與精準找到目標客

戶。網路行銷規劃與傳統行銷規劃大致相同，所不同的是網路上行銷規劃程序更重視顧客角度。

⊙可口可樂的網路行銷規劃相當成功

美國行銷學家溫德爾·史密斯（Wended Smith）在 1956 年提出的 S-T-P 的概念，STP 理論中的 S、T、P 分別是市場區隔（Segmentation）、目標市場目標（Targeting）和市場定位（Positioning）。在企業準備開始擬定任何行銷策略時，必須先進行 STP 策略規劃，因為不是所有顧客都是你的買家，特別是行動社群網路時代，主戰場在小螢幕上，必須透過行動行銷精準規劃自我競爭優勢，然後定位目標市場，再針對他們制定品牌行銷策略。STP 的精神在於選擇確定目標消費者或客戶，通常不論是開始行動行銷規劃或是商品開發，第一步的思考都可以從 STP 策略規劃著手。

1-4-1 市場區隔

隨著市場競爭的日益激烈，產品、價格、行銷手段愈發趨於同質化，企業應該要懂得區隔別其他競爭者的市場，將消費者依照不同的需求與特徵，把某一產品的市場劃分為若干消費群的市場分類過程。「市場區隔」（Market Segmentation）是指任何企業都無法滿足所有市場的需求，應該著手建立產品差異化，行銷人員根據現有市場的觀察進行判斷，在經過分析潛在的機會後，接著便在該市場中選擇最有利可圖的區隔市場，並且集中企業資源與火力，強攻下該市場區隔的目標市場。

⋔東京著衣主攻經營大眾化時尚平價流行市場

　　這個道理就是想辦法吸引某些特定族群上門，絕對比期待歡迎所有人更能為企業帶來利潤。例如東京著衣創下了網路世界的傳奇，更以平均每二十秒就能賣出一件衣服，獲得網拍服飾業中排名第一，就是因為打出了成功的市場區隔策略。東京著衣的市場區隔策略主要是以台灣與大陸的年輕女性所追求大眾化時尚流行的平價衣物為主。產品行銷的初心在於不是所有消費者都有能力去追逐名牌，許多人希望能夠低廉的價格買到物超所值的服飾，東京著衣讓大家用平價實惠的價格買到喜歡的商品，並以不同單品搭配出風格多變的造型，更進一步採用「大量行銷」來滿足大多數女性顧客的需求，更可以依據不同區域的消費屬性，透過顧客關係管理系統（CRM）的分析來設定，達到與消費者間最良好的互動溝通。

> **TIPS** 「顧客關係管理」（Customer Relationship Management, CRM）是由 Brian Spengler 在 1999 年提出，最早開始發展顧客關係管理的國家是美國。CRM 的定義是指企業運用完整的資源，以客戶為中心的目標，讓企業具備更完善的客戶交流能力，透過所有管道與顧客互動，並提供適當的服務給顧客。

1-4-2　市場目標

　　隨著網路時代的到來，比對手更準確地對準市場目標，是所有行銷人員所面臨最大的挑戰，「市場目標」（Market Targeting）是指完成了市場區隔後，我們就可以依照企業的區隔來進行目標選擇，把適合的目標市場當成你的最主要的戰場，將目標族群進行更深入的描述。面對行動社群浪潮的來勢洶洶，現在對於行銷者來說，最重要的是聚焦目標消費者群體，創造對需求快速發展的行動用戶端競爭優勢，設定那些最可能族群，就其規模大小、成長、獲利、未來發展性等構面加以評估，並考量公司企業的資源條件與既定目標來投入。

⋂漢堡王成功與麥當勞的市場做出市場目標區隔

　　漢堡王如果僅僅以分店的數量相比，差距讓麥當勞遙遙領先，因此漢堡王針對麥當勞的弱點是對於成人市場的行銷與產品策略不夠，而打出麥當勞是青少年的漢堡，主攻成人與年輕族群的市場，配合大量的網路行銷策略，喊出成人就應該吃漢堡王的策略，以此區分出與麥當勞全然不同的目標市場，而帶來業績的大幅成長。

1-4-3　市場定位

　　市場定位（Positioning）是檢視公司商品能提供之價值，向目標市場的潛在顧客訂定商品的價值與價格位階。市場定位是STP的最後一個步驟，也就是針對作好

的市場區隔及目標選擇，根據潛在顧客的意識層面，為企業立下一個明確不可動搖的層次與品牌印象，創造產品、品牌或是企業在主要目標客群心中與眾不同、鮮明獨特的印象。各位會發現做好市場定位的店家，採取的每一個行銷行動都將與他們的市場定位策略結合，由於企業主與品牌商未來透過行動媒體接觸到消費者，消費者可能直接在行動裝置上就完成消費動作，行銷人員可以透過定位策略，讓企業的商品與眾不同，並有效地與可能消費者進行溝通，當然市場定位最關鍵的步驟是跟產品的訂價有直接相關。

例如 85 度 C 的市場定位是主打高品質與平價消費的優質享受服務，將咖啡與烘焙結合，甚至聘請五星級主廚來研發製作蛋糕西點，以更便宜的創新產品進攻低階平價市場。因為許多社會新鮮人沒辦法消費星巴克這種走高價位的咖啡店，85 度 C 就主打平價的奢華享受，咖啡只要 35 塊就可以享用，大規模拓展原本不喝咖啡的年輕消費族群喜歡來店消費，這也是 85 度 C 成立不到幾年，已經成為台灣飲品與烘焙業的最大連鎖店。

∩85 度 C 全球的市場定位相當成功

1-5　行動社群行銷的番外加強版

行動社群時代來臨，也迅速為社群應用帶來一股強大浪潮，由於不同流量對店家而言代表了不同意義，企業與品牌必須思考社群行銷的創意整合策略。談到行銷策略的美感，就像一件積木堆成的藝術作品，在於它擁有無限的想像空間，單一的數位行銷工具較無法達成強力導引消費者到店家或品牌的目的，必須依靠與配合更多匠心獨運的行銷技巧。各種行銷溝通工具就有點像是樂高積木，擁有不同大小型式與功能，我們深知一個好的積木作品之所以創作成功，不會只單靠一種類型的積木就能完成。數位社群行銷工具如此多，不是只有專精於某個社群平台的功能即可，接下我們將要告訴各位還有哪些藏在成功品牌背後的社群行銷的番外加強密技？

♬Line 官方帳號也是一種原生廣告呈現方式

1-5-1　原生廣告

隨著消費者行為對於接受廣告自主性為越來越強，除了對於大部分的廣告沒興趣之外，也不喜歡那種感覺被迫推銷的心情，反而讓廣告主得不到行銷的效果，如

何讓訪客瀏覽體驗時的干擾降到最低，盡量以符合網站內容不突兀形式出現，一直是廣告業者努力的目標。原生廣告（Native advertising）就是近年受到熱門討論的廣告形式，主要呈現方式為圖片與文字描述，不再守著傳統的橫幅式廣告，而是圍繞著使用者體驗和產品本身，可以將廣告與網頁內容無縫結合，讓消費者根本沒發現正在閱讀一篇廣告，點擊率通常是一般顯示廣告的兩倍。

⚲ 易而善公司的行動原生廣告讓業績開出長紅

　　原生廣告的不論在內容型態、溝通核心，或是吸睛度都有絕佳的成效，改變以往中斷消費者體驗的廣告特點，換句話說，那些你一眼就能看出是廣告的廣告，就不能算是原生廣告。轉而融入消費者生活，讓瀏覽者不容易發現自己正在看的其實是一則廣告，目的就是為了要讓廣告「不顯眼」（unobtrusive），卻能自然地勾起消費者興趣。例如生產蜂膠、奶粉的易而善公司就成功透過社群原生廣告，用戶在電腦或行動裝置上看到廣告，就可立即點擊、並立即以手機索取體驗包，試用滿意再購買。

　　原生廣告不中斷使用者體驗，提升使用者的接受度，效果勝過傳統橫幅廣告，是目前社群廣告的趨勢。例如透過與地圖、遊戲等行動 app 密切合作客製的原生廣告，能夠有更自然的呈現，像是 LINE、Facebook 與 instagram 廣告與贊助貼文，天衣無縫將廣告完美融入網頁，或者 Line 官方帳號也可視為原生廣告的一種，由用戶

自行選擇是否加入該品牌官方帳號，自然會增加消費者對品牌或產品的黏度，都能在不知不覺中讓消費者願意點選、閱讀並主動分享，甚至刺激消費者的購買慾。

1-5-2 病毒式行銷

「病毒式行銷」（Viral Marketing）主要方式倒不是設計電腦病毒讓造成主機癱瘓，它是利用一個真實事件，以「奇文共欣賞」的模式分享給周遭朋友。身處在數位世界，每個人都是一個媒體中心，可以快速的自製並上傳影片、圖文，行銷如病毒般擴散，並且一傳十、十傳百地快速轉寄這些精心設計的商業訊息，病毒行銷要成功，關鍵是內容必須在「吵雜紛擾」的網路世界脫穎而出，才能成功引爆話題。

例如網友自製的有趣動畫、視訊、賀卡、電子郵件、電子報等形式，其實都是很好的廣告作品，如果商品或這些商業訊息具備感染力，傳播速度之迅速，實在難以想像。由於口碑推薦會比其他廣告行為更具說服力，例如當觀眾喜歡一支廣告，且認為討論、分享這些內能帶來社群效益，病毒內容才可能擴散，同時也會帶來人氣。簡單來說，兩個功能差不多的商品放在消費者面前，只要其中一個商品多了「人氣」的特色，消費者就容易有了選擇的依據。

⋔ 臉書創辦人祖克柏也參加 ALS 冰桶挑戰賽

2014 年由美國漸凍人協會發起的冰桶挑戰賽就是一個善用社群媒體來進行病毒式行銷的成功活動。這次的公益活動的發起是為了喚醒大眾對於肌萎縮性脊髓側所硬化症（ALS），俗稱漸凍人的重視，挑戰方式很簡單，志願者可以選擇在自己頭上倒一桶冰水，或是捐出 100 美元給漸凍人協會。除了被冰水淋濕的畫面，正足以滿足人們的感官樂趣，加上活動本身簡單、有趣，更獲得不少名人加持，讓社群討論、

分享、甚至參與這個活動變成一股潮流，不僅表現個人對公益活動的關心，也和朋友多了許多聊天話題。

> **TIPS** 話題行銷（Buzz Marketing），或稱蜂鳴行銷和口碑行銷類似，企業或品牌利用最少的方法主動進行宣傳，在討論區引爆話題，造成人與人之間的口耳相傳，如蜜蜂在耳邊嗡嗡作響的 buzz，然後再吸引媒體與消費者熱烈討論。

1-5-3 飢餓行銷

「稀少訴求」（scarcity appeal）在行銷中是經常被使用的技巧，飢餓行銷（Hunger Marketing）是以「賣完為止、僅限預購」這樣的稀少訴求來創造行銷話題，就是「先讓消費者看得到但買不到！」，製造產品一上市就買不到的現象，利用顧客期待的心理進行商品供需控制的手段，促進消費者購買該產品的動力，讓消費者覺得數量有限而不買可惜。

「我也不知道為什麼？」許多產品的爆紅是一場意外，例如前幾年在超商銷售的日本「雷神」巧克力，吸引許多消費者瘋狂搶購竟然連台灣人就連到日本玩，也會把貨架上的雷神全部掃光，一時之間，成為最紅的飢餓行銷話題。

⋒義美厚奶茶的在好市多的爆紅也是飢餓行銷模式

此外，各位可能無法想像大陸熱銷的小米機也是靠行動社群 + 飢餓行銷模式，特別是小米將這種方式用到了社群行銷的極致，小米藉由數量控制的手段，每每在新產品上市前與初期，都會刻意宣稱產量供不應求，不但能保證小米較高的曝光率，往往新品剛推出就賣了數千萬台，就是利用「缺貨」與「搶購熱潮」瞬間炒熱話題，在小米機推出時的限量供貨被秒殺開始，刻意在上市初期控制數量，維持米粉的飢渴度，造成民眾瘋狂排隊搶購熱潮，促進消費者追求該產品的動力，直到新聞話題炒起來後，就開始正常供貨。

1-5-4 電子郵件與電子報行銷

電子郵件行銷（Email Marketing）是許多企業喜歡的行動社群行銷輔助工具，雖然一直都不是個新的行銷手法，但卻是跟顧客聯繫感情不可或缺的利器，例如將含有商品資訊的廣告內容，以電子郵件的方式寄給不特定的粉絲，也算是一種「直效行銷」。

隨著行動科技越來越發達，擁有智慧型手機的使用者節節攀升，根據統計今天幾乎有高達 68% 的人會使用行動裝置來收發電子郵件，在社群行銷盛行的今天，全球電子郵件每年仍以 5 % 的幅度持續成長中，如何讓 Email 配合社群行銷的效果更上一層樓。例如 7-11 網站常常會為會員舉辦活動，並經常舉辦折扣或是抽獎等誘因，讓會員樂意經常接到 7-11 的產品訊息郵件，或者能與其他媒介如社群平台和簡訊整合，是消費者參與互動最有效的管道。

⟐LINE 行銷可以配合電子郵件來加大推廣效果

電子報行銷（Email Direct Marketing）也是一個主動出擊的行動社群行銷輔助戰術，目前電子報行銷依舊是企業經營老客戶的主要方式，多半是由使用者訂閱，再經由信件或網頁的方式來呈現行銷訴求。由於電子報費用相對低廉，加上可以追蹤，這種作法將會大大的節省行銷時間及提高成交率。電子報行銷的重點是搜尋與鎖定目標族群，缺點是並非所有收信者都會有興趣去閱讀電子報，因此所收到的廣告效益往往不如預期。

電子報的發展歷史已久，然而隨著時代改變，使用者的習慣也改變了，如何提升店家電子報的開信率，成效就取決於電子報的設計和規劃，在打開你的電子報時能擁有良好的閱覽體驗，加上運用和讀者對話的技巧，進而吸引讀者的注意。設計社群電子報的方式也必須有所改變，必須讓電子報在不同裝置上，都能夠清楚傳達訊息，在手機上也不適合看太長的文章，點擊電子報之後的到達頁（Landing Page）也應該要能在行動裝置上妥善顯示等。常被用來提升轉換率的CTA（Call To Action）紐，更是要好好利用，是整封電子報相當重要的設計，這樣的設計都能讓收信者進而點開電子報閱讀。

∩遊戲公司經常利用電子報與玩家的互動

1-5-5 網紅行銷

在行動裝置時代來臨之後，越來越多的素人走上行群平台，虛擬社交圈更快速取代傳統銷售模式，這與行動網路的高速發展與普及密不可分，為各式產品創造龐大的銷售網絡，網紅行銷可算是各大品牌近年最常使用的手法。「網紅行銷」（Internet Celebrity Marketing）並非是一種全新的行銷模式，就像過去品牌找名人代言，主要是透過與藝人結合，提升本身品牌價值，例如過去的遊戲產業很喜歡用的代言人策略，每一套新遊戲總是要找個明星來代言，花大錢找當紅的明星代言，最大的好處是會保證有一定程度以上的曝光率，不過這樣的成本花費，也必須考量到預算與投資報酬率，相對於企業砸重金請明星代言，網紅的推薦甚至可以讓廠商業績翻倍，素人網紅似乎在目前的社群平台更具說服力，逐漸地取代過去以明星代言的行銷模式。

由於社群平台在現代消費過程中已扮演一個不可或缺的角色，隨著網紅經濟的快速風行，許多品牌選擇借助網紅來達到口碑行銷的效果，網紅通常在網路上擁有大量粉絲群，就像平常生活中的你我一樣，加上了與眾不同的獨特風格，很容易讓粉絲就產生共鳴，使得網紅成為人們生活中的流行指標。

∩阿滴跟滴妹國內是英語教學界的網紅

過去民眾在社群軟體上所建立的人脈和信用，如今成為可以讓商品變現金錢的行銷手法，不推銷東西的時候，平日是粉絲的朋友，做生意時他們搖身一變成為網路商品的代言人，而且可以向消費者傳達更多關於商品的評價和使用成效。這股由粉絲效應所衍生的現象，能夠迅速將個人魅力做為行銷訴求，利用自身優勢快速提升行銷有效性，充分展現了社群文化的蓬勃發展。

　　網紅行銷的興起對品牌來說是個絕佳的機會點，因為社群消費持續分眾化，現在的人是依照興趣或喜好而聚集，所關心或想看內容也會不同，網紅就代表著這些分眾社群的意見領袖，反而容易讓品牌迅速曝光，並找到精準的目標族群。他們可能意外地透過偶發事件爆紅，也可能經過長期的名聲累積，企業想將品牌延伸出網紅行銷效益，除了網紅必須在特社群平台上必須具有相當人氣外，還要能夠把個人品牌價值轉化為商業品牌價值，最好還能透過內容行銷來對粉絲產生深度影響，才能真正夠說服力來帶動銷售。

⋒張大奕是大陸知名的網紅代表人物，代言身價直追范冰冰

1-5-6 使用者創作內容（UCG）行銷

行銷高手都知道要建立產品信任度是多麼困難的一件事，首先要推廣的產品最好需要某種程度的知名度，接著把產品訊息置入互動的內容，透過網路的無遠弗屆以及社群的口碑效應，同時拉大了傳遞與影響的範圍，透過現有顧客吸引新顧客，利用口碑、邀請、推薦和分享，在短時間內提高曝光率，潛移默化中把粉絲變成購買者，造成了現有顧客吸引未來新顧客的傳染效應。「使用者創作內容」（User Generated Content,UCG）行銷是代表由使用者來創作內容的一種行銷方式，這種聚集網友創作來內容，也算是近年來蔚為風潮的數位行銷手法的一種，可以看成是一種由品牌設立短期的行銷活動，觸發網友的積極性，去參與影像、文字或各種創作的熱情，這種由品牌設立短期的行銷活動，使廣告不再只是廣告，不僅能替品牌加分，也讓網友擁有表現自我的舞台，讓每個參與的消費者更靠近品牌。

∩「大堡礁島主」活動是透過社群傳染性來進行的 UCG 行銷

1-6 我的LINE行銷

LINE App 主要是由韓國最大網路集團 NHN 的日本分公司開發設計完成，是一種可在行動裝置上使用的免費通訊 App。它能讓各位在一天 24 小時中，隨時隨地盡情享受免費通訊的樂趣，甚至透過免費的視訊通話和遠地的親朋好友聊天，就好像 Skype 即時通軟體一樣可以利用網路打電話或留訊息。LINE 自從推出以來，快速縮短了人與人之間的距離，讓溝通變得無障礙，不過 LINE 除了一般的通訊功能之外，有別於 FB、IG 等社群媒體的溝通模式，Line 是由一對一的使用情境而出發延伸，許多店家與品牌都想藉由 LINE 精準行銷與消費者建立深度的互動關係。

🎧透過 LINE 玩行動行銷，快速培養忠實粉絲

1-6-1 LINE 行銷的特色

LINE 是亞洲最大的通訊軟體，全世界有接近三億人口是 LINE 的用戶，而在台灣就有二千多萬的人口在使用 LINE 手機通訊軟體來傳遞訊息及圖片。Line 在台灣就相當積極推動行動行銷策略，LINE 公司推出最新的 LINE@ 生活圈 2.0 版 -LINE 官方帳號，類似 FB 的粉絲團，讓 LINE 以「智慧入口」為遠景，打造虛實整合的 O2O 生態

圈，一方面鼓勵商家開設官方帳號，另一方面自己也企圖將社群力轉化為行銷力，形成新的社群行銷平台。

∩LINE 與 LINE 官方帳號圖示並不相同

LINE 不再只是在朋友圈發發照片，反而快速發展成為了一種新時代下的經營與行銷方式，核心價值在於快速傳遞信息，包括照片分享、位置服務、即時線上傳訊、影片上傳下載、打卡等功能變得更能隨處使用，然後再藉由社群媒體廣泛的擴散效果，透過朋友間的串連、分享、社團、粉絲頁的高速傳遞，使品牌與行銷資訊有機會直接觸及更多的顧客。

品牌要做好 LINE 行銷，一定要先善用行動社群媒體的特性，除了抓緊現在行動消費者的「四怕一沒有」：怕被騙、怕等待、怕麻煩、怕買貴以及沒時間這五大特點，避免服務失敗帶來的負面效應，還要控制好發送的頻率與內容，不要讓粉絲因為加入後收到疲勞轟炸般的訊息，造成閱讀意願低甚至封鎖。LINE 的貼文不但沒有字數限制，還可以在中間插入許多圖片相片、視頻等多媒體素材，例如標題是否能讓粉絲有想點擊的興趣，最關鍵的是圖文是否能引起粉絲共鳴，避免落落長純文字內容，讓大多數潛在消費者主動關注，並有可能轉化成忠誠的客戶。跟臉書不同之處是不著重在追求粉絲數量，而是強調一對一的互動交流，所以不像臉書或其他社交平台可以創造熱門話題後引起迴響，從社群行銷的特色來說，臉書的傳播廣度雖然驚人，但是朋友間互動與彼此信任的深度卻是遠不及 LINE。

1-6-2 下載 LINE 與加好友

要在手機上下載 Line 軟體十分簡單，各位可以直接在安卓手機的「Play 商店」或蘋果手機「App Store」中輸入 Line 關鍵字，即可安裝或更新 LINE App。

蘋果手機「App Store」
中輸入line關鍵字就可
以安裝或更新LINE程
式

在 LINE 程式中必須彼此是好友才可以開始互通訊息與通話，當雙方都已經有 LINE 帳號了，要怎麼互相加為好友呢？請各位啟動 LINE 程式後，由左下角切換到「主頁」🏠頁面，接著點選右上角的「加入好友」👤鈕，就會看到如下幾種方式讓你加入好友：

1-6-3 以 ID/ 電話號碼進行搜尋

在上圖點選中「搜尋」🔍鈕，可以透過輸入 ID 或電話號碼來加入好友。進入「搜尋好友」畫面後，可先點選「ID」或「電話號碼」的選項，只要各位知道對方的 ID 或電話號碼，就可以快速將其為好友。

為了避免一些銷售人員任意將他人電話加為好友而造成困擾，在使用電話號碼進行好友搜尋時，如果超過 LINE 允許搜尋次數的上限時，LINE 就會顯示如下的視窗，告知你暫時無法搜尋電話號碼。

如果你不想讓對方有你的電話就能隨便亂加的話，也可以按下「設定」⚙鈕，自行在「好友」畫面中取消勾選「允許被加入好友」的選項，這樣就不會被亂加入了。

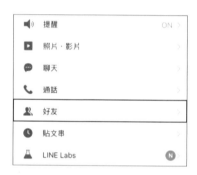

1-6-4 以行動條碼加入好友

好友雙方正巧在一起碰面時，也可以透過手機鏡頭直接掃描對方的 QR code 來加入好友，點選「行動條碼」▦鈕後會進入左下圖的「行動條碼掃描器」畫面，當對方或你按下下方的「顯示行動條碼」鈕時，手機上就會顯示該用戶的行動條碼（如中圖所示），此時只要將方框對準好友的條碼，馬上就可以找到對方的大頭貼，按下「加入」鈕就可以將對方加為好友。

1-6-5 以簡訊 / 電子郵件 / Facebook 傳送邀請

除了上述幾種方式與朋友互加為好友外，對於公務上往來的客戶可以考慮使用簡訊來傳送邀請函。在「加入好友」畫面中點選「邀請」⊥鈕後會出現下圖畫面，提供以「簡訊」、「電子郵件」、「Facebook」三種方式邀請好友：

就以「簡訊」的選項，選擇之後將列出手機中的所有聯絡人姓名與電話，勾選邀請者之後按下「邀請」鈕，就可以透過「訊息」等應用程式來進行邀請。

○Line 的好友畫面

如果想打電話給對方，只要開啟對方的視窗，並按下電話圖示即可透過網路免費來電給其他 LINE 用即可開始撥打。

∩Line 打國際電話不但免費，音質也相當清晰

　　各位要傳訊息或圖片給對方，只要開啟對方的視窗輸入文字訊息，或按下左下角＋號進入選擇相片即可。例如逢年過節時，各位如果想將相同祝賀的吉祥話傳訊息給許多人，這時可以先將傳訊息給一個人，然後長按訊息等到出現功能表時選擇「轉傳」指令，再勾選所要傳送的好友即可。

∩Line 中也可以互傳訊息及圖片

秒殺拉客的 LINE 行銷
贏家工作術

02

由於 LINE 不僅是一個單純的社交平台，主要是以人與人的溝通為基準，反而 LINE 是一個綜合平台，LINE 行銷不之不覺中成為一種生活方式，因此延伸出許多不同的商業功能。LINE 的封閉性和資訊接收的精準度，帶來了一種創新的商業方式，只要一部手機與朋友圈就可以準備開始在行動社群網路賣貨，通過提供使用者需要的資訊，推廣自己的品牌與產品，實現點對點的個人化行銷。如果各位懂得利用 LINE 的龐大行動社群網路系統，藉由社群的人氣，增加粉絲們對於企業品牌的印象，更有利於聚集目標客群，並帶動業績成長，必定可以用最小的成本，達到最大的行銷效益。

♠ 只要加入好友就可下載免費的企業貼圖

2-1　大家都愛 LINE 貼圖

LINE 設計團隊真的很會抓住東方消費者含蓄的個性，例如用貼圖來取代文字，活潑的表情貼圖是 LINE 的很大特色，不僅比文字簡訊更為方便快速，還可以表達出內在情緒的多元性，不但十分療癒人心，還能馬上拉近人與人之間的距離，非常受到亞洲手機族群的喜愛。LINE 貼圖可以讓各位盡情表達內心悲傷與快樂，趣味十足的主題人物如熊大、兔兔、饅頭人與詹姆士等，更是 Line 的超人氣偶像。

⚲可愛貼圖行銷對於保守的亞洲人有一圖勝萬語的功用

2-1-1 企業貼圖療癒行銷

　　由於手機的文字輸入沒有像桌上型電腦那麼便捷快速，對於聊天時無法用文字表達心情與感受時，圖案式的表情符號就成了最佳的幫手，只要選定圖案後按下「傳送」▶鈕，對方就可以馬上收到，讓聊天更精彩有趣。

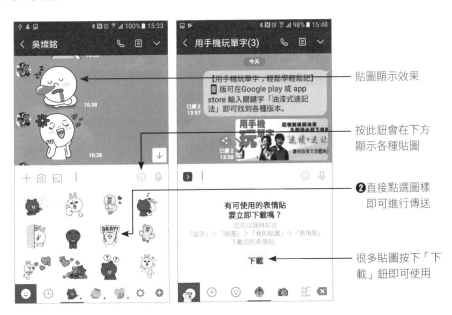

貼圖顯示效果

按此鈕會在下方顯示各種貼圖

❷直接點選圖樣即可進行傳送

很多貼圖按下「下載」鈕即可使用

LINE 的免費貼圖，不但使用者喜愛，也早已成了企業的行銷工具，特別是一般的行動行銷工具並不容易接觸到掌握經濟實力的銀髮族，而使用 LINE 幾乎是全民運動，能夠真正將行銷觸角伸入中大齡族群。通常企業為了做推廣，會推出好看、實用的免費貼圖，打開手機裡的 Line，裡會不定期推出免費的貼圖，吸引不想花錢買貼圖的使用者下載，下載的條件－加入好友就成為企業推廣帳號、產品及促銷的一種重要管道。

越來越多店家和品牌開始在 Line 上架貼圖和建立粉絲專頁，為了龐大的潛在傳播者，許多知名企業無不爭相設計形象貼圖，除了可依照自己需求製作，還可以讓企業利用融入品牌效果的貼圖，短時間就能匯集大量粉絲，將有助於品牌形象的提升。例如立榮航空企業貼圖第一天的下載量就達到 233 萬次，千山淨水 LINE 貼圖兩周貼就破 350 萬次下載。根據 LINE 官方資料，企業貼圖的下載率約九成，使用率約八成，而且且有三成用戶會記得贊助貼圖的企業。

只要加入好友就可下載可愛的企業貼圖

許多商家會提供貼圖免費下載，增加品牌知名度

2-1-2　# 符號與貼圖分類

LINE 貼圖使用「#」符號將你的貼圖進行分類，例如分類的關鍵字為「開心」，LINE 這項新功能則會在你的所有貼圖中找到與開心相符合的貼圖，或是你對某件事很生氣，只要點選「生氣」類別，就可以在該類別找到和生氣有關的貼圖。以下為

按下「#」符號後所列出的 LINE 貼圖的分類概況，例如：開心、好、生氣、謝謝、加油…等。

下列三圖分別為「好」、「開心」、「生氣」三個類別中符合該關鍵字的貼圖。

2-1-3 直白你的心意 - 訊息貼圖功能

　　傳統上我們常使用的 LINE 貼圖並不是一種訊息貼圖，只能給好友「意會」你想表達的意思，無法允許使用者單刀直入寫出真正的想法。所謂「訊息貼圖」是一種可供用戶自由輸入文字內容的貼圖，允許每張貼圖最多可輸入 100 個字，而且還可以針對單張訊息貼圖編輯儲存，會讓這些訊息貼圖的傳送，更能符合當下的情境及心情點滴，而且不僅 LINE 手機 APP 支援訊息貼圖，現在連 LINE 電腦版也支援訊息貼圖功能。

如果要使用這項新功能，首先要確認手機中已經購買過訊息貼圖。各位如果要購買「訊息貼圖」，首先請到 LINE App 的「主頁」，接著進入「貼圖小舖」，並於搜尋框輸入「訊息貼圖」關鍵字進行搜尋，就可以看到多款訊息貼圖可供選擇。操作的步驟參考如下：

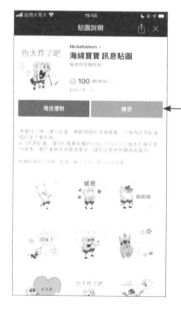

找到喜歡的訊息貼圖，再按「購買」鈕付費下載訊息貼圖

以往傳送訊息貼圖都是必須先選貼圖再輸入文字，最後再送出，但是現在用戶可以選擇在送出聊天訊息時，事先編輯訊息貼圖的文字內容，覺得滿意再將貼圖送出。實際的操作過程是先於訊息輸入框內輸入文字，接著點選輸入框旁邊的「貼圖圖示」，下一個動作則在 LINE 貼圖的橫向選單中點選「鉛筆圖示」，此時所輸入的文字內容將會套用到用戶擁有的所有訊息貼圖內，當確認文字內容後，再看哪一張最適合，最後點選希望送出的貼圖。參考的操作步驟如下：

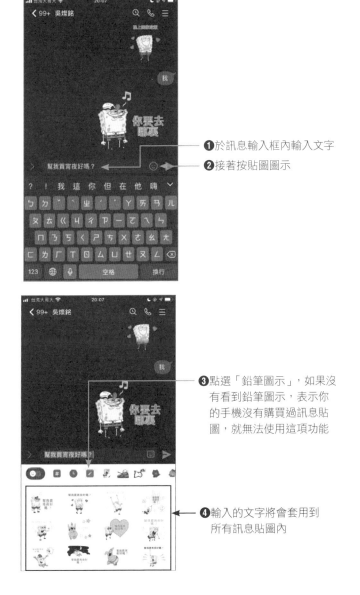

❶ 於訊息輸入框內輸入文字

❷ 接著按貼圖圖示

❸ 點選「鉛筆圖示」，如果沒有看到鉛筆圖示，表示你的手機沒有購買過訊息貼圖，就無法使用這項功能

❹ 輸入的文字將會套用到所有訊息貼圖內

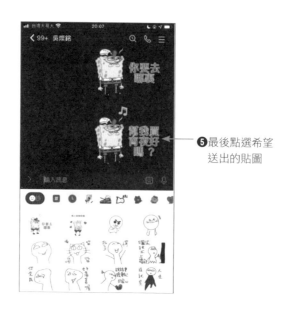

❺最後點選希望
送出的貼圖

2-2　個人檔案的貼心設定

　　經營 LINE 朋友圈沒有捷徑，必須要有做足事前的準備，不夠完整或過時的資訊會顯得品牌不夠專業，想要在 LINE 上給大家一個特別的印象，那麼個人檔案的設定就不可忽略。尤其是你擁有經營的事業或店面時，只要好友們點選你的大頭貼照時，就可以一窺你的個人檔案或狀態消息。特別是如果你沒有加入個人的相片作為憑證，為了安全起見很多人是不會願意把你加為好友。接下來我們針對個人檔案的設定做說明，讓別人看到你特別有印象。LINE 裡面設定或變更個人大頭貼照，請先切換到「主頁」 頁面，點選「設定」 鈕。接著點選「個人檔案設定」鈕即可進入「個人檔案」來進行大頭貼照、背景相片、狀態消息的設定。

設定大頭貼照
設定背景相片

加入背景歌曲

2-2-1　設定大頭貼照

經常聽到許多資深小編們提到：「讓消費者建立第一印象的時間只有短短的 3 秒鐘」，因此大頭貼的整體風格所傳達的訊息就至關重要。大頭貼照主要用來吸引好友的注意，對方也可以確認你是否是他所認識的人。按下大頭貼照可以選擇透過「相機」進行拍照，或是從媒體庫中選取相片或影片，另外也可以選擇虛擬人像。

LINE 提供的「相機」功能相當強大，除了一般正常拍照外，你還能在拍照前加入各種的貼圖效果，或是套用各種濾鏡變化處理變成美美的藝術相片，一開始就要緊抓好友的視覺動線，加上運用創意且吸睛的配色，讓你的特色被一眼被認出。如下圖所示是各種類型的貼圖效果，點選之後可以看到套用後的畫面效果。調整好你的位置與姿勢就可進行拍照。

你也能直接選擇照片或影片，並勾選「分享至限時動態」的選項，這樣按下「完成」鈕就會將你變更的相片自動張貼到「貼文串」的頁面中，接著各位就可以在個人檔案處看到大頭貼照片已更改。

狀態消息

好友清單上所顯示的圓形大頭貼照

2-2-2 變更背景相片

在背景照片部分，如果你有經營企業或店面，那麼不妨將你的商品或相關的意念圖像加入進來，因為擁有一個具設計感的背景相片一定能為你的品牌大大加分按下背景相片可以從手機中的「所有照片」來找尋你要使用的相片。

❶按個人封面照片

❷按「選擇個人封面」

挑選要成為個人封面的照片

你可以進行位置的調整或是旋轉畫面，按「下一步」鈕後還可在背景相片上加入塗鴉線條、輸入文字、可愛插圖、或濾鏡效果，讓你的底圖相片更具有特色。

按「完成」鈕完成背景圖片的設定

個人封面已變更
成功

2-2-3 設定狀態消息

狀態消息

　　各位要加入狀態消息，請從「個人檔案」的頁面中點選「狀態消息」，試著用20字以內的文字敘述自己的品牌或想要傳遞的訊息，或加入想被搜尋到的關鍵字（Keyword），立刻能增加搜尋熱度。接著在「狀態消息」的畫面中開始輸入你要表述的內容，進行「儲存」後，你的名字下方就可以顯示剛剛設定的狀態消息。一旦變更後，一小時內將不得再次變更。如果要從手機上做變更，也可以在「管理」標籤的「基本資料」功能區中進行修正。

2-2-4 選用背景音樂

當其他人在瀏覽你的個人資料時，也可加入背景音樂。「背景音樂」的功能並
非是預設功能，從「個人檔案」中勾選「背景音樂」後，必須手機中有安裝「LINE
MUSIC」才可以選擇和設定歌曲，如果你尚未安裝，LINE 會指引你到 App store（或
Google Play）去下載安裝。

❷按下「確定」鈕

❶從「個人檔案」
中勾選「背景音
樂」

LINE MISIC 是線上音樂串流，可設定鈴聲、答鈴和背景音樂，擁有時尚的播放介面，還有各種的精選音樂推薦，不過必須使用信用卡付費才能使用。

2-3　建立你的 LINE 群組

　　LINE 行銷的起手式，無疑就是如何加入陌生好友，有了一堆好友後，接下來就是創建群組，然後「想方設法」邀請好友們加入群組。如果你是小店家，想要利用小成本來推廣你的商品，那麼「建立 LINE 群組」的功能不失為簡便的管道，好的群組行銷技巧，絕對不只把品牌當廣告，除了可和自己的親朋好友聯繫感情外，很多的公司行號或商品銷售，也都是透過這樣的方式來傳送優惠訊息給消費者知道。只要將你的親朋好友依序加入群組中，當有新產品或特惠方案時，就可以透過群組方式放送訊息，讓群組中的所有成員都看得到。有需要的人直接在群組中發聲，進而開啟彼此之間的對話就顯得非常重要。

利用群組功能把親朋友
群聚在一起，一次貼文
公告大家都看得到

　　LINE 群組最多可以邀請 500 位好友加入，大多數都是以親友、同事、同學等等在生活上有交集的人組成的群組，好友加入群組可以進行聊天，群組成員也可以使用相簿和記事本功能來相互分享資訊，即使刪除聊天室仍然可以查看已建立的相簿和記事本喔！

2-3-1 建立新群組

　　要在 LINE 裡面建立新群組是件簡單的事，請切換到「主頁」🏠頁面，由「群組」類別中點選「建立群組」即可開始建立。

接下來開始在已加入的好友清單中進行成員的勾選，你可以一次就把相關的好友名單通通勾選，按「下一步」鈕再輸入群組名稱，最後按下「建立」鈕完成群組的建立。作法如下：

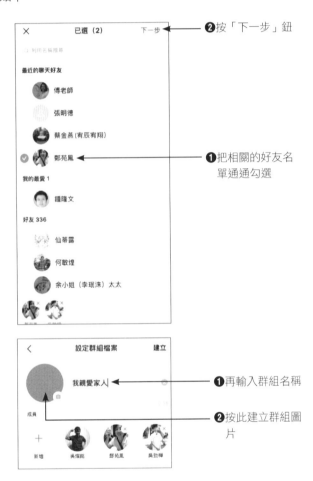

❷按「下一步」鈕

❶把相關的好友名單通通勾選

❶再輸入群組名稱

❷按此建立群組圖片

❶ LINE 內建的圖案
  樣式

❷你可以從手機的
  相簿中進行挑
  選，也可以進行
  拍照，此處示範
  由「相簿」加入
  現有的群組圖案

由此可為群組相片
加入貼圖、文字、
塗鴉、濾鏡等效果

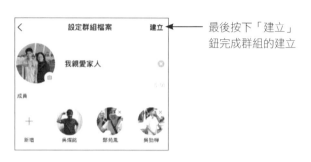

最後按下「建立」
鈕完成群組的建立

2-3-2 聊天設定

當群組建立成功後，「主頁」的群組列表中就可以看到你建立的群組名稱，點選名稱即可顯示群族頁面。頁面上除了群組圖片、群組名稱外，還會列出所有群組成員的大頭貼，方便你跟特定的成員進行聊天。

按此鈕進入「其他設定」頁面

變更群組名稱，最多50 個字

顯示群組成員，以及正在邀請中的名單，也可以進行新成員的邀請

顯示已經加入的群組成員

按此進行背景圖設定

2-3-3 邀請新成員

在前面我們建立新群組時，各位已經順道從 LINE 裡面將已加入的好友中選取要加入群組的成員，這些成員會同時收到邀請，並顯示如左下圖的畫面，被邀請者可

以選擇參加或拒絕，也能看到已加入的人數，願意「參加」群組的人就會依序顯示
加入的時間，如下圖所示：

　　你也可以在進入群組畫面後，點選右上角的☰鈕，就會顯示如下的的選單，讓
你進行邀請、聊天設定、編輯訊息…等各項設定工作，其中的「邀請」指令可以來
邀請更多成員的加入。

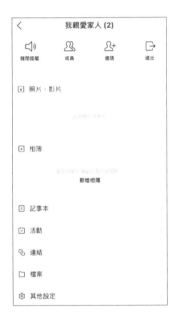

　　你可選擇行動條碼、邀請網址、電子郵件、SMS 等方式，將 LINE 社群以外的朋
友也邀請加入至你的 LINE 群組中。

✤ 行動條碼

點選「行動條碼」會出現如左下圖的行動條碼，你可以將它儲存在你的手機相簿中，屆時再傳給對方讓對方進行掃描。

✤ 邀請網址

點選「複製邀請網址」鈕，就可以將邀請網址轉貼到布告欄，或其他的通訊軟體上進行傳送。

✤ 電子郵件

提供電子郵件方式來傳送邀請，也可以使用連結分享方式，以選定的應用程式來共享檔案。如下所示是透過電子郵件來傳送群組邀請。

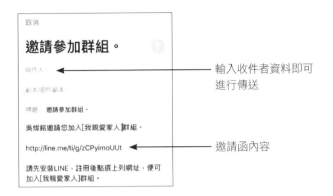

輸入收件者資料即可
進行傳送

邀請函內容

✤ SMS

　　會出現「新增訊息」的視窗，只要輸入收件人的電話後，按下訊息內容右側的
⬆「發送」鈕就可以邀請對方加入群組。

2-3-4　刪除群組成員

　　如果因為某些因素或該人言論較不遵守群組成員的共同規範，為避免因為該
成員言論而破壞群組成員聊天的心情，如果想要刪除群組特定成員，是可以輕易辦
到，作法如下：

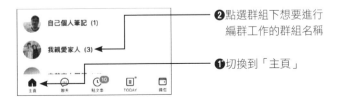

❷點選群組下想要進行
　編群工作的群組名稱

❶切換到「主頁」

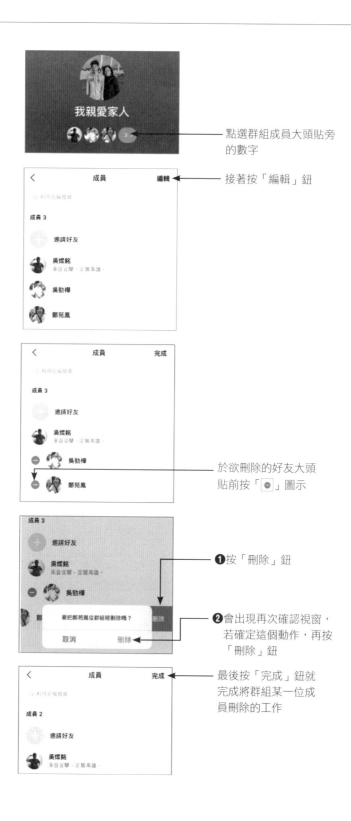

點選群組成員大頭貼旁
的數字

接著按「編輯」鈕

於欲刪除的好友大頭
貼前按「⊖」圖示

❶按「刪除」鈕

❷會出現再次確認視窗，
若確定這個動作，再按
「刪除」鈕

最後按「完成」鈕就
完成將群組某一位成
員刪除的工作

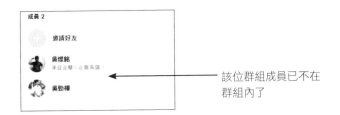

該位群組成員已不在
群組內了

2-3-5 退出群組

如果群組內的成員想主動退出群組，和上述作法類似，先切換到「主頁」，再找到想要退出編群的群組名稱，由該群組名稱最右側向左滑動，會出現「退出群組」鈕，再按下該鈕，並於再次出現的確認視窗中按「確定」鈕就可以退出群組。不過有一點要特別提醒，當您退出群組後，群組成員名單及群組聊天記錄將會被刪除，所以進行這項動作前，請務必考慮清楚後再進行較好。

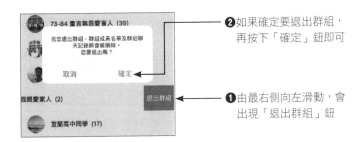

❷如果確定要退出群組，
再按下「確定」鈕即可

❶由最右側向左滑動，會
出現「退出群組」鈕

2-4 百變穿搭的虛擬人像

「虛擬人像」是 LINE 推出的新功能，從臉型、髮型、眼睛、眉毛、上妝、眼鏡、動作等，都能依照自己的喜好，輕鬆建立百變造型，任意組合搭配，除了可以選擇是否上妝、戴帽子、眼鏡等，還可以創造專屬於用戶的 Q 版替身，是一種非常有趣且新鮮的功能。目前你可以新增至 5 個虛擬人像，而這些虛擬人像分身都可以在個人檔案中找到。

可以新增至 5 個虛擬
人像

接著就來示範如何變換虛擬人像的造型，首先請用戶切換到 LINE 主頁，接著點選個人檔案帳號名稱的地方，就可以打開個人大頭貼的頁面，最後按「虛擬人像」。

第一次按下「虛擬人像」會出現是否要建立虛擬人像的詢問視窗，請直接按「建立」鈕，調整好要拍照的角度，按下「拍照」鈕。

接著可以選擇推薦的虛擬人像，有了基本的虛擬人像還可以按下「編輯」鈕進行造型大改造，例如眼睛、眼鏡、下身的造型…等。

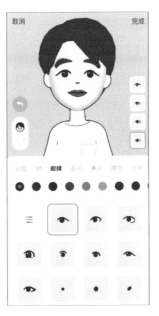

也可以挑選一副帥氣的眼鏡，若如想要改變下身的造型，則可以切換到「下身」進行變裝，確定造型後記得按下「完成」鈕。

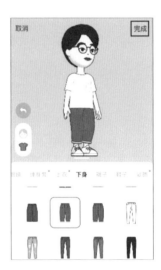

2-4-1 虛擬大頭貼

如果你想要更換個人檔案照片，又覺得自拍了無新意；那麼不妨嘗試將虛擬人像設為個人大頭貼照片，作法也很簡單可以參考下列的步驟就可以輕易將大頭貼照更換為造型多變的虛擬人像。

接著就可以看到虛擬人像，另外，拍照後照片旁有許多實用工具可以為虛擬人像進行改造色彩、加上文字…等，最後再按下「完成」就可以將個人照片變更為虛擬人像。

2-4-2 分享虛擬人像

除了直接根據所推薦的虛擬人像進行大頭貼的更換外，我們也可以更換虛擬人像，並還可以將虛擬人像與好友們在聊天室進行分享。首先請在上圖中按下「虛擬人像」鈕，會進入「我的虛擬人像」畫面，接著按「虛擬快拍」鈕，並用手左右滑動不同造型的虛擬人像，選定後請按此「更新虛擬人像」鈕。

　　各位可以看出虛擬人像已變更不同造型，最後按「分享」鈕，就可以從目前的好友選單中選擇好友，再按「分享」就可以將此虛擬人像以貼文方式傳送給 LINE 好友，我們就可以在 LINE 的好友聊天室就可以看到所分享的虛擬人像。

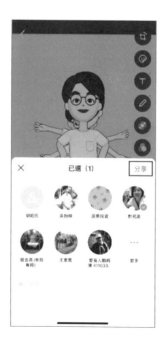 

2-4-3　更換聊天室背景

　　我們也可以將聊天室背景更換為虛擬人像，首先請進入個人聊天室，接著按下「相機」鈕就可以將虛擬人像結合到所拍照的相片中，最後將此真實照片結合虛擬人物的照片，變更為聊天室的背景圖。首先請打開 LINE 介面內建的相機，再將虛擬人像加入到拍攝的照片中，請按下中間的拍照鈕並將相片下載到相簿中。

　　按 LINE 個人聊天室右上方的功能表單☰鈕，會進入個人檔案頁面，按下「其他設定」，並在其他設定頁面中找到「背景」，進入到「背景」設定頁面後，從「相簿」中找到所拍照的實景結合虛擬人像的照片，就可以將 LINE 的背景圖已更換成功。

2-4-4 變裝個人檔案版面

　　我們也可以利用現有的虛擬人像在個人檔案的版面加上裝飾。目前提供的裝飾有「單人」、「團體」、「寵物」三種，而且這些裝飾都具備動態的效果，如下列三圖所示：

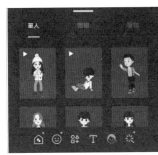  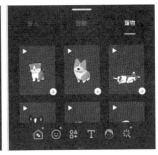

　　接著就來示範如何在個人檔案的版面加上裝飾，首先請先進入個人檔案的頁面，接著按下「裝飾」鈕，並挑選要加入「裝飾」的類型，參考步驟如下：

從「單人」、「團體」、「寵物」三種類別中挑選要加入的裝飾，決定好要加入的裝飾記得按「儲存」鈕，就可以在個人檔案的版面中會看到活蹦亂跳、活靈活現虛擬人像及小寵物。

2-4-5 Q 版視訊通話

在群組視訊通話時，如果你不想讓群組的其他成員看到你的盧山真面目，也可以在加入視訊通話前，先套用自己所新增的虛擬人像，當要退出群組的視訊通話，只要按下右上方的「退出通話」鈕。

　　不僅如此，如果 LINE 還提供虛擬背景，可以將視訊通話過程中的背景取代掉，也可以為背景加上濾鏡，讓背景套用各種濾鏡效果。

提供各種不同
的內建背景也
允許上傳自訂
的虛擬背景

也可以為背景
加作多樣化的
濾鏡

看了滿意的視訊影像的效果之後再按「開視訊並加入」鈕進入視訊通話。

　　除了內建的虛擬背景，也可上傳自己喜歡的虛擬背景，最多可設定 10 張，要加入自己的虛擬背景，只要在內建的虛擬背景最後面按「+」鈕，就可以在手機相簿中挑選自己喜歡的圖片成為自訂的虛擬背景。

2-4-6 純文字（影片）大頭貼

LINE 個人檔案的大頭貼不僅可以使用圖片或虛擬人像，我們也可以將大頭貼以純文字或影片的方式來進行更換，其中純文字大頭貼的表現方式，通常可以將當下的心情、節日、口號（slogan）、提醒文字或重要事件以文字方式來表達，這樣一來，你自己或你的 LINE 的好友就可以從純文字大頭貼的文字看到重要的資訊。

有關如何定純文字大頭貼的功能，以 iOS 為例，請點選「主頁」右上角選齒輪 ⚙ 圖示進入「設定」的頁面，其它操作步驟示範如下：

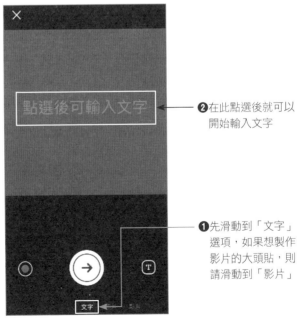

❷ 在此點選後就可以開始輸入文字

❶ 先滑動到「文字」選項，如果想製作影片的大頭貼，則請滑動到「影片」

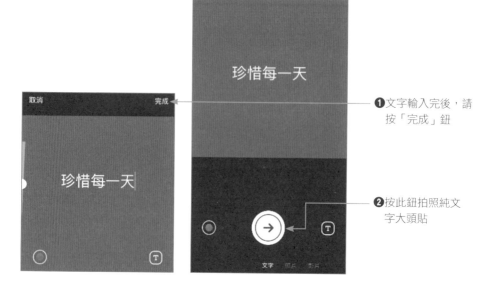

❶ 文字輸入完後，請按「完成」鈕

❷ 按此鈕拍照純文字大頭貼

最後按下「完成」鈕，就可以看到純文字大頭貼已變更成功了

2-5 聊天室的私房功能

聊天室新增了許多不錯的貼心功能，例如分類功能可以幫你把訊息區分為好友、群組、官方帳號及社團四個頁籤，讓你的聊天列表不會過多而不易找到好友或特定官方帳號。但是如果要查看所有的聊天訊息，也可以切換到「全部」的頁籤，就會列出所有聊天列表。底下二圖左邊是沒有分類的聊天室外觀，右邊則是有分類的聊天室外觀。

如何開啟聊天室分類的功能，以 iOS 為例，請先到「主頁」右上角選齒輪圖示的「設定」功能，接著進到選項「LINE Labs」裡，開啟「聊天室分類」功能。

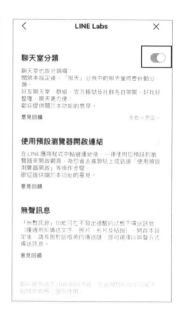

　　完成設定工作後，接著再打開再回到聊天列表，就會發現聊天室被分類為全部、好友、群組、官方帳號及社團等類別，下圖為「好友」頁籤的聊天列表。

2-5-1 聊天記錄備份

我們只要打開「自動備份」功能，就可以為 LINE 聊天記錄備份到雲端 iCloud，而且還可以自行決定備份頻率，當將這些聊天記錄備份後，即使是你換了新的 iPhone 手機或是丟了手機，只要重新安裝 LINE，就可以透過這些備份在雲端的資料來復原使用者的聊天記錄。要設定多久的時間頻率自動備份聊天記錄，其作法就是先到「主頁」右上角選齒輪圖示進入「設定」的頁面，其它操作流程的畫面請參考如下：

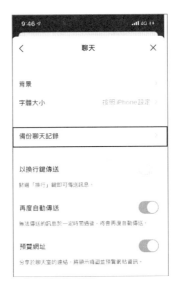

TIPS **關閉聊天室背景特效**

在聊天設定頁面最下方有一個「聊天室背景特效」的打開或關閉的設定，聊天室背景特效在預設的情況下是打開的，它會在特定節日或季節在聊天室背景顯示動配合該節日呈現符合情境的特效，如果想關閉這些背景特效，只要在「聊天」設定頁面將「聊天室背景特效」關閉即可。

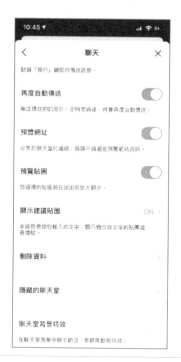

2-5-2 傳送聊天記錄與統計分析

我們可以將聊天記錄傳送到指定的檔案，並上傳 LINE 聊天記錄到具備 LINE 統計分析的網站進行分析，如此一來就可以分析個人或群組的聊天記錄的相關細節，包括聊天天數、訊息數、通話數、通話時間、最多訊息數、最多單日通話時間…等，更棒的是 LINE 的統計分析還能將「每日訊息數」、「各自訊息數」、「每日通話秒數」以圖表的方式來加以呈現，這些對話內容的各種資訊分析都能一目了然。這裡介紹的 LINE 統計分析的網站並不是 LINE 的官方建構，如果你的對話內容有考慮到個人的隱私或私密對話，建議要上傳進行對話分析前要考慮清楚、三思而後行，此處僅提供這項功能的操作示範，首先請開啟要傳送聊天記錄的聊天室對話內容，並點擊右上角的功能表單，並進入「其他設定」的頁面：

接著按下「傳送聊天記錄」，並選要「儲存到檔案」指令，決定好儲存位置後，最後記得按下「儲存」鈕。

聊天記錄的對話內容儲存成文字檔之後，接著就可以開啓「LINE Message Analyzer」（LINE 統計分析）https://line-message-analyzer.netlify.app/ 的網頁，按

下「載入聊天」鈕將剛才所下儲存到「iCloud Drive」雲端硬碟的聊天記錄文字檔載入：

接著就可以在網頁中看到聊天記錄的 LINE 統計分析，如下列二圖所示：

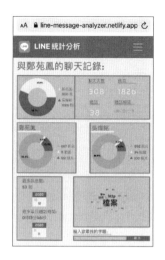
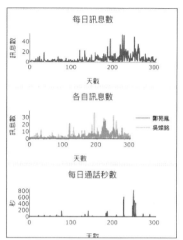

2-5-3 無聲訊息功能

　　各位是否有一種經驗，常常睡到一半或一大清晨收到好友或主管交辦的事情，經常會被突然來到新訊息來到提醒的聲音給打擾到，這種情況下，如果貼心考慮到好友，就可以用無聲訊息傳送的方式，讓你傳送的訊息消音，只有在對方打開 LINE 時，才會注意到還有未讀的訊息。那麼要如何才能啟動無聲訊息的功能呢？首先請先到「主頁」右上角選齒輪圖示的「設定」功能，接著進到選項「LINE Labs」裡，開啟「無聲訊息」功能。

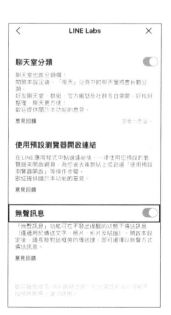

之後在聊天室傳送的訊息，只要長按傳送鍵，會出現「正常傳送」和「無聲傳送」兩個選項，點選無聲傳送後，就可以用無聲訊息將所輸入的訊息傳送給對方。

C HAPTER

不藏私的群組行銷
必殺技

03

今日的的 LINE 社群已進化成擁有策略思考與行動能力的行銷利器，不過 LINE 畢竟還是屬於社群軟體，想要利用 LINE 群組行銷商品就必須拿捏分寸，在社群行銷的層面上，有些是天條不能違背，無論臉書的粉專或 LINE 的群組經營，最重要的都是活躍度，參加群組的成員並不是為了要看廣告而加入，所以當你設立群組後，必須以經營朋友圈的態度來對待所有成員，而非單純從廣告推銷的角度著眼，這樣才不會讓已加入的好友退出群組，甚至把你列入封鎖的名單。

⋒群組行銷不是賣廣告

3-1 群組的商品行銷策略

　　群組並不是一個可以直接販賣的場所，就算許多人成為你的粉絲，不代表他們就一定想要被你推銷。群組行銷的一個痛點，就是要不斷創造分享與討論，例如「分享」絕對是經營品牌的必要成本，還要能與好友引發「品牌對話」的效果。要做 LINE 行銷，首先就必須要用經營朋友圈的態度，而不是從廣告推銷的商業角度，這

樣反而容易造成用戶操作上的認知落差而導致客訴。因此必須定期的發文撰稿、上傳相片 / 影片做宣傳、注意群組留言並與好友互動。下面列出幾項要點，作為各位以 LINE 群組進行行銷交流時的眉角：

- 隨著圖片和影音類型的內容越來越受歡迎，店家或品牌為了滿足網友追求最新資訊的閱聽需求，視覺化就是對內容的強化詮釋，比起文字，透過圖片或影片的傳播，不但貼近消費者的生活，還可完整傳遞商品資訊。

- 由於任何行銷的成果往往都是因為「互動」和「溫度」而提升，互動率才是重點，當雙方互動提高了，店家所要傳遞的品牌訊息就會變快速及方便，甚至好友都會主動幫你推播與傳達。例如逢年過節可將祝賀的吉祥話傳送至群組，順道留下與商家名稱或商品相關的資訊，以提升品牌形象、知名度和能見度。

- 善用一張圖來呈現多樣款式，讓觀看者一圖看盡所有資訊！如果沒有專屬的美工設計來幫忙編排相片時，也可以透過相片編輯程式來拚貼照片或組合。各位不妨透過 Play 商店找尋各種的照片修圖神器或相片編輯器，只要簡單幾個動作就能完成美拍相片和組合相片。

- 手機 App 有很多影片剪輯程式，能輕鬆將多張相片或影片串接起來，還可加入標題、內文字、轉場效果、背景音樂，簡單幾個步驟就能搞定，多加利用讓商品宣傳多樣化。

- 構思貼文標題要有好梗，盡可能聚焦於一個亮點，才能讓讀取者印象深刻。只有連結網址而沒有主題標示，很難吸引成員去按點連結。

- 利用節慶、假期做促銷方案可吸引買氣。推出之前最好先「自他互換」，能吸引自己的購買慾望，相信也能吸引他人的購買慾。

　　掌握以上重點後，接下來就是利用 LINE 群組來傳送訊息文字、圖片、影片、語音、貼圖，這幾項功能都很簡單，只要進入群組畫面後透過底端的按鈕就可以傳送各類型的商品資訊。

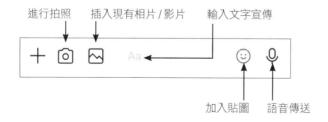

3-1-1 文字宣傳

　　文字輸入點所在的位置即可輸入文字，LINE 時代最重要的行銷力道仍在「文字」本身，應該是利用越少的字數來抓住好友的眼球，點選該區塊時，手機下方自動會顯示鍵盤，方便各位進行中、英、數字、符號等輸入。輸入常用的名詞也會出現一些小插圖可以選用，各位可以善加利用，讓單調的文字也能變得活潑生動些。

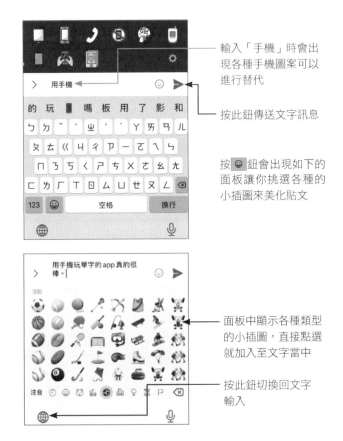

輸入「手機」時會出現各種手機圖案可以進行替代

按此鈕傳送文字訊息

按😊鈕會出現如下的面板讓你挑選各種的小插圖來美化貼文

面板中顯示各種類型的小插圖，直接點選就加入至文字當中

按此鈕切換回文字輸入

3-1-2 插入相片 / 影片

　　根據國外機構研究顯示，相片和影片本身的內容深度和傳播效果絕對大於平面模式，也更符合這個世代溝通方式，社群媒體極度依賴視覺化內容，我們可以在群組中加入圖片 / 影片的訊息，請由底端按下 🖼 鈕會以方格狀的縮圖顯示手機中的相片、影片，找到要使用的圖片後，確認畫面是要貼出的資料後，按下 ▶ 鈕就公告出去了，而右下圖則是文字、圖片貼出的效果。

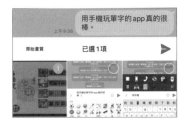 

如果要張貼的相片或圖片不在手機中,那麼你也可以使用電腦版的 LINE 程式來進行張貼,如下圖所示。LINE 電腦版支援 Windows、Win8、WIN10、Mac 繁體中文版。

3-1-3 語音傳送資訊

如果想要將好消息透過語音方式放送給群組成員,按下 🎤 將顯示如左下圖的面板,點選按鈕不放即可對著手機開始講話,當各位說完後放開按鈕,語音內容立即放送至群組中。

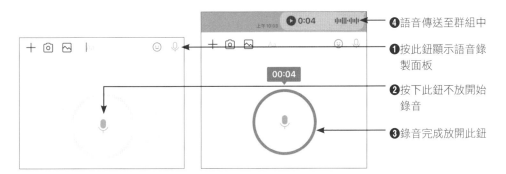

❹語音傳送至群組中

❶按此鈕顯示語音錄製面板

❷按下此鈕不放開始錄音

❸錄音完成放開此鈕

3-1-4 群組通話 - 語音 / 視訊 / 直播

要對群組成進行通話,可在群組畫面上方按下 📞 鈕則可進行語音通話、視訊通話,或是 LIVE 直播。

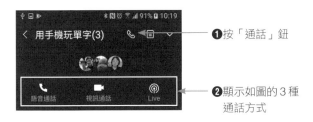

❶按「通話」鈕

❷顯示如圖的 3 種通話方式

✤ 語音通話

　　「語音通話」是透過行動手機進行免費聊天，群組語音通話過程中，任何成員都可以加入，而那些成員已加入群組通話都可在畫面上看到。

顯示已加入群組通話的成員大頭貼照

顯示群組通話的開始與結束

按鈕結束通話

✤ 視訊通話

　　「視訊通話」是透過手機鏡頭直接捕捉現場畫面，所以能立即顯示成員所在環境、表情與當時的裝扮，就如同與對方面對面溝通一般。

✤ Live 直播

目前全球玩直播正夯，許多店家開始將直播作為行銷手法，消費觀眾透過行動裝置，特別是 35 歲以下的年輕族群觀看影音直播的頻率最為明顯，利用直播的互動與真實性吸引網友目光，從個人販售產品，與透過直播跟粉絲互動，延伸到店家品牌透過直播行銷。直播行銷最大的好處在於進入門檻低，只需要網路與手機就可以開始，不需要專業的影片團隊也可以製作直播，現在不管是明星、名人、素人，通通都要透過直播和粉絲互動。

當你由群組中按下 📞 和「Live」📡 鈕後，會先看到左下圖的畫面，此畫面可以切換鏡頭面向自己或對外，也可以旋轉拍攝方向或套用濾鏡效果。各位只要按下圓形的「拍照」⚪ 鈕，就會立即在群組上方顯示你所直播的內容讓群組成員觀看，群組上也會顯示 LIVE 直播已開始，如右下圖所示。如果要結束直播畫面，按下右上角的 ✕ 鈕，就會顯示對話框確定你是否要結束 LINE 直播。特別注意的是，Live 直播內容只有直播當時群組成員才能觀看得到，直播結束後未看過的成員也無法再看到！

❸ 按此鈕結束 Live 直播

按此鈕將直播畫面變成全螢幕

由此切換鏡頭向內 / 向外

旋轉拍攝方向

加入濾鏡

❶ 按此鈕開始直播

❷ 顯示直播已開始

在全螢幕直播過程中，你也暫時關閉相機或是選擇分享螢幕畫面，只要按下 ⬤，就能跳出如右下圖的視窗讓你選擇。

按此鈕暫時關閉相機，
需要繼續直播時再開起
相機

❶按此鈕顯示選項

3-1-5　不能不會的實用工具

　　除了上述提到利用 LINE 群組來傳送訊息文字、圖片、影片、語音、貼圖這些實用功能外，還有包括建立相簿、新增活動、建立群組記事本、收錄連結、收錄檔案、其他設定…等實用功能，要利用這些工具，只要進入群組聊天的畫面，再按下右上方的功能表選單，就可以自行挑選想要使用的工具，並依畫面的指示引導，就可以輕鬆建立相簿、活動或記事本等群組成員的重要記錄。作法參考如下：

進入群組聊天的畫面，再按
下右上方的功能表選單鈕

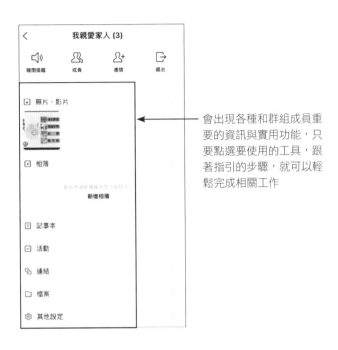

會出現各種和群組成員重要的資訊與實用功能，只要點選要使用的工具，跟著指引的步驟，就可以輕鬆完成相關工作

　　底下二圖分別為「活動」與「記事本」進入頁面，其中 LINE 活動功能，可以將群組成員重要日期或行程時間安排記錄在聊天室內的月曆上，並與群組內的好友們共用行事曆，也可以在活動前發出通知提醒與統計出席人數，對常辦活動的群組幹部人員，是一項非常實用的工具。

而LINE的記事本功能則是可以用來記錄與好友聊天或群組成員重要的留言訊息，您可於記事本中夾帶貼圖、圖片、影片、網址或位置資訊等文字以外的內容，用戶也可以將群組記事本內的貼文，分享至同一群組的聊天室內。

3-2　LINE 行銷的贏家地圖

　　「LINE社群」（LINE OpenChat）就是一種公開的「網路聊天室」，可以讓社群成員針對大家共同感興趣的主題進行討論，它可以說是比較大型的 LINE 群組（Groups），不過 LINE 社群和 LINE 群組在功能上還是有所差異，特別是可以讓使用者直接從尋找自己想加入的主題來加入，跟以往 LINE 群組上的使用者無法主動找尋群組很大不同，LINE 社群以後將會有越來越多的使用者加入，也肯定將會帶來非常多的流量紅利。在 LINE 官方部落格中就已整理了針對 LINE 社群與 LINE 群組之間的差異，透過底下網頁中的比較表就可以清楚理解他們兩者之間異同。

主要差異	LINE群組	LINE社群
人數上限	500	5,000
管理員	沒有	有
加入方式	成員邀請	提供3種不同的加入方式
加入後可看到前面的訊息	不行	可以 文字 180 天內、圖片 30 天內、其他(影片/錄音) 14 天內
不同聊天室 可設定的不同暱稱與大頭貼	不行	可以
點對點加密	有 (預設開啟)	沒有 (因為是公開網路聊天室)
溝通內容限制	訊息加密 最高隱私	(1) 須遵守LINE社群守則 (2) 透過人工智慧過濾違規內容 (3) 管理員可設定要過濾的關鍵字
文字訊息備份	有	沒有 (但可匯出文字聊天記錄)
檔案期限	有期限	不能傳送檔案

資料來源：http://official-blog.line.me/tw/archives/82874924.html

在上述的表格中我們整理出幾個重大的特點，包括人數上限的不同、加入方式有所不同、是否有管理員、訊息內容是否加密…等，如果想清楚比較社群與群組兩者間的各種差異，建議各位可以連上上述網頁，就可以清楚掌握兩者間的異同。

3-2-1 建立社群與傳送邀請

要使用 LINE 社群功能，首先建議各位更新到最新版，LINE 官方是希望社群功能可以陸續開放給所有使用者使用，但不是每個人都能馬上建立社群，如果在「主頁 / 群組 / 社群」沒有看到「建立社群」按鈕，可能還要再等上一陣時間再來試看看。接下來建立社群的操作步驟是假設你已是 LINE 社群功能開放的對象。

❷點開「群組」

❸按「社群」

❶切換到「主頁」

按「建立社群」鈕

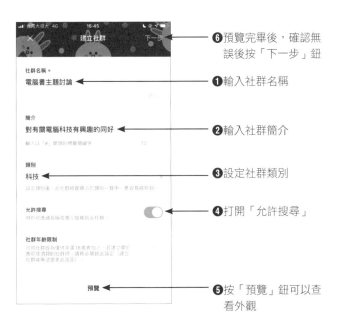

⑥ 預覽完畢後，確認無誤後按「下一步」鈕

① 輸入社群名稱

② 輸入社群簡介

③ 設定社群類別

④ 打開「允許搜尋」

⑤ 按「預覽」鈕可以查看外觀

③ 按「完成」鈕

① 此處可以更換大頭貼

② 輸入個人要使用的暱稱

出現社群使用小提
醒，再按「確定」
鈕

社群討論的外觀，
接著此功能選單鈕

按下「邀請」鈕，可以有四種傳送社群邀請的方式，分別為複製連結、分享連結、邀請好友及分享行動條碼

3-2-2　新增共同管理員

社群的成員身分有三種分類，一種是建立社群的「管理員」，第二種是加入社群的「一般成員」，第三種則是分擔部分管理角色的「共同管理員」。在社群中如果要刪除訊息、將訊息置頂、強制退出成員…等工作預設情況下只有「管理員」有這樣的權限，不過「管理員」可以授權部分工作給「共同管理員」。

管理者可以新增共同管理員，並設定每一位共同管理員的工作權限，如此社群的管理幹部就可以視工作屬性分工合作共同管理社團。各位要新增共同管理員，首先請於社群聊天室的功能選單鈕執行「其他設定」指定，就可以進入如下圖的「社群設定」頁面，接著就來示範如何新增一位共同管理員：

選擇「管理成員」

按「新增共同管理員」

在欲新增為共同管理員的成員名稱右側按下「加入」鈕

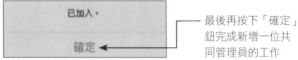

最後再按下「確定」鈕完成新增一位共同管理員的工作

3-2-3 設定共同管理員的權限

　　各位要新增共同管理員，首先請於社群聊天室的功能選單鈕執行「其他設定」指定，就可以進入如下圖的「社群設定」頁面，接著就來示範如何設定共同管理員的權限：

選擇「管理權限」

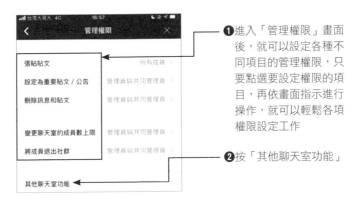

❶進入「管理權限」畫面後，就可以設定各種不同項目的管理權限，只要點選要設定權限的項目，再依畫面指示進行操作，就可以輕鬆各項權限設定工作

❷按「其他聊天室功能」

可以設的權限包括：活增活動、刪除活動、加入或移除翻譯、建立新投票、刪除投票

3-2-4 社群設定常用技巧

本單元介紹幾個社群的重要設定，例如：修改參與人數上限、開啟社群提醒、社群成員強制退出…等。

● 設定參與人數上限

首先請於社群聊天室功能選單中執行「其他設定」進入「社群設定」頁面：

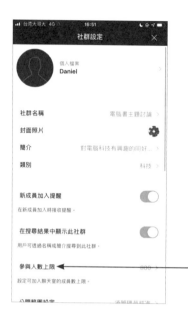

點選參與人數上限

預設為 800 人，修改成 2000 人，目前上限為 5000 人

已完成了參與人數
上限的修改

- **開啟社群提醒**

　　請於社群聊天室功能選單中點一下「開啟提醒」圖示就可以開啟提醒功能,如果要再次關閉提醒,只要再按一下「關閉提醒」圖示鈕就可以關閉。

● **社群成員強制退出**

對於一些不遵守社群規範的成員,管理者可以將此位成員強制退出,首先請於社群聊天室從功能表中選擇「成員」,再於列出的聊天成員中選擇要強制退出的成員,點選「強制退出」鈕後,接著再於另外出現的確認視窗中,按下「強制退出」鈕,就可以將該用戶強制退出,並禁止該成員重新加入。

❶選取要退出社群的成員

❷按「強制退出」鈕

出現的確認視窗中,按下「強制退出」鈕,就可以將該用戶強制退出禁止其重新加入

3-2-5 自動程式—垃圾訊息過濾器

LINE 的社群自動程式主要有兩種功能，一種是垃圾訊息過濾器，另一種則可以自動翻譯聊天訊息。在「垃圾訊息過濾器」的過濾設定中，必須先新增限制用語，之前就可以根據這些限制用語，去決定要以何種方式進行過濾，目前有兩種過濾方式：「1. 刪除只有限制用語的訊息」及「2. 刪除包含限制用語的訊息」。舉例來說，如果限制用語為「垃圾」二字，在第一種設定下，當有人在社群中輸入「垃圾」二字，就會自動被過濾掉這個訊息，而不會出現在社群的聊天討論內容，但如果輸入「他是垃圾」，因為「他是垃圾」和限制語「垃圾」不完全相同，因此就不會被過濾掉，除非他的過濾方式是設定第二種設定「刪除包含限制用語的訊息」。

接著我們就來示範如何使用垃圾訊息過濾器，來過濾訊息中不當的用語。作法如下：

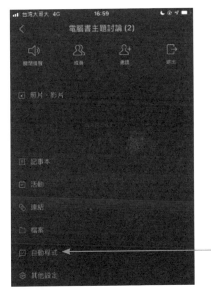

首先請於社群聊天室的功能選單鈕執行「自動程式」指令

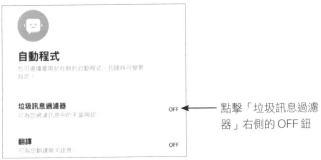

點擊「垃圾訊息過濾器」右側的 OFF 鈕

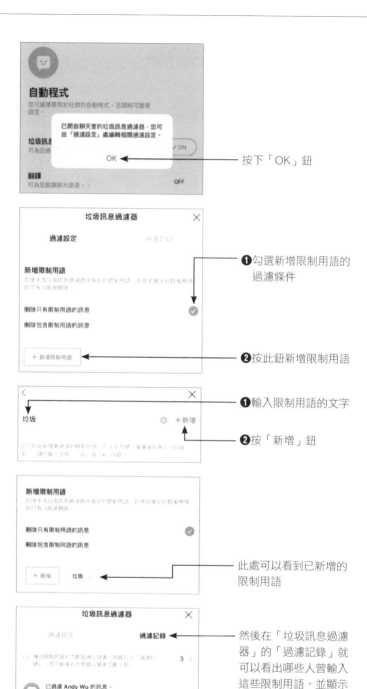

按下「OK」鈕

❶勾選新增限制用語的
　過濾條件

❷按此鈕新增限制用語

❶輸入限制用語的文字

❷按「新增」鈕

此處可以看到已新增的
限制用語

然後在「垃圾訊息過濾
器」的「過濾記錄」就
可以看出哪些人曾輸入
這些限制用語,並顯示
出過濾的時間

如果過濾方式是第二種設定「刪除包含限制用語的訊息」，如果有人輸入「他是垃圾」也會一併被過濾掉

3-2-6 自動程式—翻譯機器人

首先請於社群聊天室的功能選單鈕執行「自動程式」指令進入「自動程式」設定畫面：

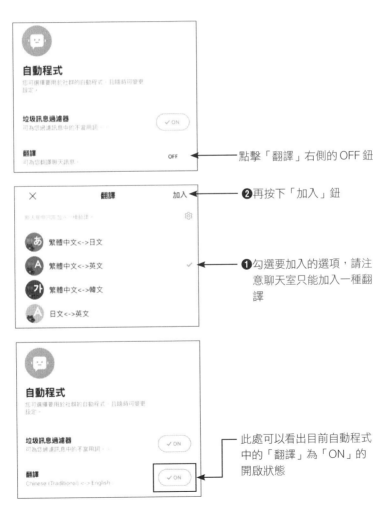

點擊「翻譯」右側的 OFF 鈕

❷再按下「加入」鈕

❶勾選要加入的選項，請注意聊天室只能加入一種翻譯

此處可以看出目前自動程式中的「翻譯」為「ON」的開啟狀態

完成上述的\設定後，之後
在社群的留言訊息就會依照
剛才所設定的翻譯選項自動
翻譯

3-3　不藏私的 LINE 亮點密技

對於社群行銷來說，群組當然是重要的曝光管道，店家可以將貼文、圖片、視訊…等，與店家相關的促銷活動或資訊快速傳播出去，LINE 還真的算是十八般武藝樣樣俱全，接下來我們要介紹一些 LINE 新功能中的亮點，例如生活上輔助的小功能與在行銷上能發揮的實用功能。

3-3-1　「關鍵字提醒」

相信各位都已竟加入許多群組，有些群組因為人數過多或是該群組成員喜歡轉傳訊息，如果平日工作忙碌無法每次都點開群組查看訊息，舉例來說群組中有好朋友傳送包括「生日」二字的訊息內容，這種情況下就有可能群組內成員有人生日。各位可以透過 LINE 電腦版專有的「關鍵字提醒」功能，在聊天室中只要出現你所設定的關鍵字，就會在聊天列表中醒目標記來作為提醒之用。例圖下圖中還沒有點開訊息之前，就看到了已設定關鍵字的醒目標記，如此一來就可以重點式地讀取要查看有重要資訊的未讀訊息。

如果要在 LINE 電腦版設定「關鍵字提醒」，只要在 LINE 主頁按下「」鈕，並執行功能表中的「設定」指令：

就可以在「聊天」頁面的「關鍵字提醒」中按下「新增關鍵字」鈕，並輸入關鍵字後，例如本例中的「生日」，最後按下確認輸入鈕，就完成了關鍵字提醒的設定工作。

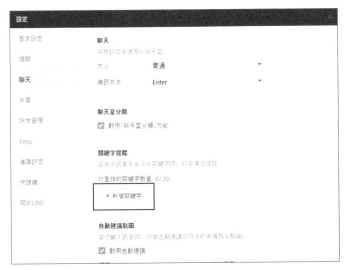

3-3-2 套用「文字格式」

　　LINE 電腦版可在聊天室的輸入訊息中選取喜歡套用文字的格式，就會出現功能選單提供粗體、斜體、刪除線、強調文字內容、強調段落內容這幾種文字效果。

　　套用指定格式後，接著將訊發送給好友，只要接收訊息的好友也是採用「LINE電腦版」來看訊息，就可以看到這些經套用該格式的各種文字效果的訊息內容。下圖分別示範五則訊息分別套用這五種文字格式的訊息外觀。

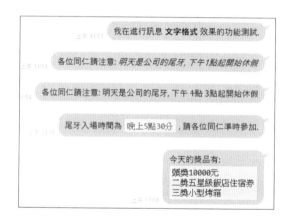

3-3-3 圖片文字辨識與翻譯

　　LINE 還有一項蠻夯的功能，可以將將別人傳來的圖片上的文字進行辨識並轉為文字，作法是當你在聊天室收到別人傳送的送照片，只要直接點選圖片，接著再於該圖片右上方按下轉為文字的圖示，就可以該照片上的文字辨識出來，如果你要將所辨識出來的文字翻譯成「英文」，只要按一下「翻譯成英文」就可快速將這些文字翻成英文，透過「分享」鈕就可以將該翻譯後的英文訊息傳送給好友。

除了可以將收到的圖片轉為文字外，各位也可以利用 LINE 內建的照相機，將所拍照的照片偵測出文字範圍，並利用「轉為文字」的功能自動將照片上的文字辨識出來。同樣地，這些文字也可以利用翻譯功能，翻譯成指定的語系，再將該訊息分享給好友。首先請自行開啟 LINE 內建的照相機，並對著要進行辨識的圖片進行拍照，相關操作步驟參考如下：

3-3-4 LINE 訊息查證

　　網際網路這個時代是個資訊爆炸的時代，網路充斥著各種假新聞及網路謠言，如果沒有事先經過求證，常常會被這些錯誤的訊息所誤導，萬一這個訊息標題聳動，一不小心轉傳給其他好友，萬一不慎還會觸犯法律傳播假消息的刑責。為了避免誤傳假消息，LINE 官方推出了「LINE 訊息查證」的機器人，希望訊息轉傳前可以進一步查證的訊息的真假，以利大家共同來，過濾假消息，要使用 LINE 訊息查證，必須與這個官方帳號加入好友，就可以開始使用這個功能。「LINE 訊息查證」機器人的 ID：@ linefactchecker。請在搜尋好友的頁面輸入「@ linefactchecker」進行搜尋：

　　接著按「加入」鈕加入「LINE 訊息查證」官方帳號的好友，加入好友後，接著再請按下「聊天」鈕就會進入「LINE 訊息查證」的聊天室，有關如何使用 LINE 訊息查證，只要按下「如何使用」鈕，「LINE 訊息查證」機器人就會回答如何使用的步驟說明：

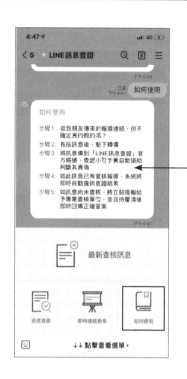

當按下「如何使用」鈕，「LINE 訊息查證」機器人就會回答如何使用的步驟說明

接著我們就來示範如何透過「LINE 訊息查證」來求證訊息的真假，首先請長按訊息，並於產生的功能表中選「分享」指令，確定勾選要轉傳的訊息後，再按一次「分享」鈕，並選擇要分享的對象為「LINE 訊息查證」官方帳號，並再次按下「分享」，這個時候「LINE 訊息查證」機器人就會為你找到相似已查核的訊息。

3-3-5 將訊息以匿名進行長截圖

　　有時在與好友對話時，有一些有趣對話，這一段對話可能跨越好幾個螢幕畫面，以往的方式如果要將這些有趣的對話分享給友有兩種作法：一種是逐頁抓取螢幕畫面，再分別傳給朋友。這種作法花費時間螢幕截圖，而且訊息看起來會比較沒有完整性。另一種作法就是將每則訊息一一轉傳分享，它的缺點就是必須一一點選每則要轉傳分享的訊息，如果對話內容過長，也會花上不少時間。更重要的事，這兩種方式都必須以 LINE 中每個人設定的名字呈現。

　　如果你只想分享對話內容，又不希望讓其他好友知道是哪些人的對話內容，這種情況下 LINE 提供一種可以方便各位長截圖的新功能，而且在下載或轉傳分享長截圖之前，還可以用匿名的方式呈現對話內容，經過這樣的處理之後，即使這些對話內容以長截圖轉傳給第三者，也不必擔心對方知道這些對話內容是誰說的。

　　接著就來示範如何將訊息以匿名進行長截圖，首先請長按想要截圖的訊息內容，並選擇「截圖」指令，再先進行匿名處理，最後再按下「截圖」鈕，就可以將一段跨幾個螢幕的長對話內容另存成圖片或轉傳分享給好友。

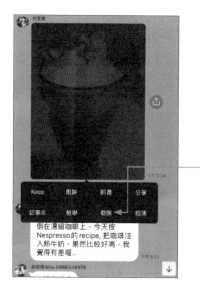

按想要截圖的訊息內容，會產生功能選單，並執行「截圖」指令

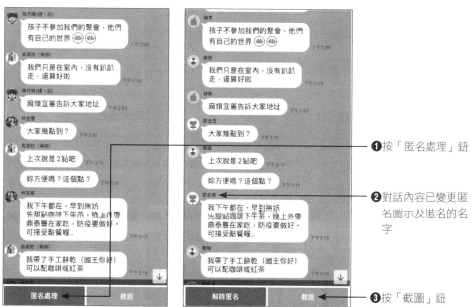

❶按「匿名處理」鈕

❷對話內容已變更匿名圖示及匿名的名字

❸按「截圖」鈕

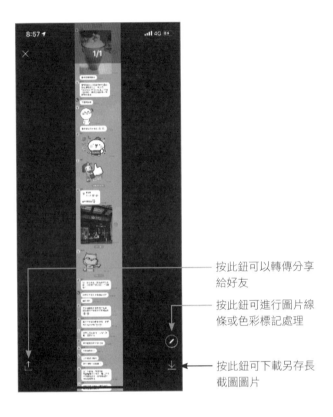

按此鈕可以轉傳分享
給好友

按此鈕可進行圖片線
條或色彩標記處理

按此鈕可下載另存長
截圖圖片

3-3-6 語音 / 視訊通話共享影片

在群組對談中，如果你要將看到的 YouTube 影片在語音或視訊通話的過程中與群組中的成員分享同時觀看影片的樂趣，就可以透過 LINE 的「通話並分享螢幕畫面」這項新功能來與親朋好友們一起欣賞。

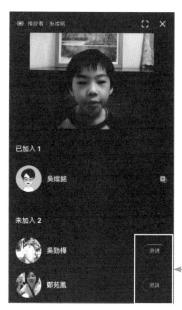
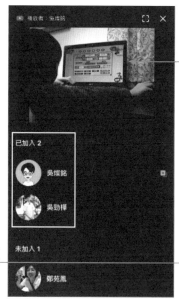

❷已加入語音通話的
成員都可同步欣賞
正在播放的影片

❶按此鈕邀請群組成
員加入語音通話

　　LINE 的視訊通話也可以在群組或一對一視訊通話使用，我們不僅可在視訊通話分享螢幕畫面，也可以在視訊通話的過程中觀看所分享的 YouTube 影片。下面二圖左圖是在視訊通話中分享螢幕畫面，右圖則是在視訊通話中同步邀請所有成員同步觀看 YouTube 影片。

3-4 Keep 筆記的收納功能

在聊天室中不論是與好友的訊息轉寄或是官方帳號發佈的訊息,如果看到好文章,許多人會利用「一人群組」將看到的訊息轉寄給自己,這些資訊會跟著您的LINE 帳號,在您使用手機版與電腦版時都可隨時打開來觀看與編輯。例如筆者平時就建立了兩個一人群組,群組成員只有自己,一個群組名稱為「自己個人筆記」功能當做是好文章、圖片或影片的收集,另一個群組名稱為「股票投資」則專門收集與股票投資有關的重要文章或介紹網址。

現在有了 Keep 功能,只要看到看的文章想先收集起來,就可以透過 LINE 內建的 Keep 功能儲存文字、圖片、影片、連結、檔案,這項功能目前提供的免費儲存空間為 1GB,但是允許各位用戶在不同平台與裝置進行存取 Keep 的檔案內容。

3-4-1 將訊息儲存到 Keep

要將訊息儲存到 Keep,首先必須長按訊息,並在所產生的功能表中選擇「Keep」,確定無誤後,最後再按下「儲存」鈕就可以將該訊息儲存到 Keep 筆記。

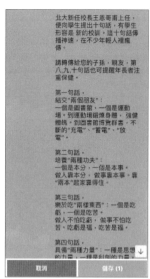

3-4-2 查看與整理 Keep 筆記

各位要進入 Keep 筆記，底下提供兩種管道：一種是在 LINE「主頁」按一下「Keep」，另一種方式則是在個人檔案的頁面按下「」圖示鈕。如下列二圖所示：

進入 Keep 後，如果要分門別類將不同訊息存放到不同的「特輯」，就可以按下「+」符號並輸入特輯名稱，最後按下「建立」鈕就可以在 Keep 內建立特輯，之後就可以將重要訊息或好文章儲存到 Keep 時，也能直接移動到指定的特輯中，這些資料整理的工作將有助於將來找尋資料的方便性，也可以節省不少時間。各位可將資料直接選擇要收入哪個特輯（資料夾）內：

CHAPTER

LINE 官方帳號的超強
集客心法

04

在分秒必爭，講求資訊行動化的環境下，當行動載具全面融入消費者生活，開始全面影響媒體使用邏輯，更為網路行銷領域增加了更多的新媒體通道，伴隨著這一趨勢，行動行銷迅速發展，所帶來的正是快速到位、互動分享後所產生產品銷售的無限商機。由於 Line 一直是一對一的通訊溝通為基本的軟體，對於數位行銷推廣上，還是有擴散力不足的疑慮，幾年前 LINE 開始鎖定全國實體店家，為了服務中小企業，LINE 開發出了更親民的行銷方案，導入日本的創新行銷工具「LINE@ 生活圈」的核心精神，企圖在廣大用戶使用行動社群平台上，創造出新的行銷缺口。

⋒LINE 官方帳號是台灣商家提供行動服務的最佳首選

後來 Line 官方始終認為行動商務還有很多創新的空間，行動商務會加速原來實體零售業進化的速度，真正和顧客建立起長期的溝通管道。LINE@ 在 2019 年 4 月 18 日開始，更將「LINE@ 生活圈」、「LINE 官方帳號」、「LINE Business Connect」、「LINE Customer Connect」等產品進行服務和功能的整合，LINE 官方帳號的最大特色是用戶使用邏輯變得更加清晰，功能也豐富許多，並將名稱取名為「LINE 官方帳號」，所以只要是 LINE 會員想要創建新的帳號，就必須申請全新的「LINE 官方帳號」，不論是店家或個人都可以免費申請與註冊。

4-1 認識 LINE 官方帳號

↑LINE 個人帳號群組的訊息很容易被洗版

各位剛開始接觸 LINE 官方帳號時，一定有許多困惑，到底 LINE 官方帳號和平常我們所用 LINE 個人帳號有何不同：例如 LINE「群組」可以將潛在客戶集結在一起，然後發送商品相關訊息，不過店家不斷丟廣告給消費者已經不是好的行銷手法，現在的消費者根本不會買單，加上群組中的任何成員都可以發送訊息，往往會很多有心人士加入群組，然後隨意發送廣告或垃圾訊息。因此所發出的訊息很容易被洗版，每天都要花費心力在封鎖、刪除廣告帳號，成員彼此之間的對話內容也比較不具有隱私性，有些私密問題不適合在群組中公開發問，且 LINE 無法做多人同時管理，造成無法有效管理顧客，而且使用群組也有人數限制，這樣也會造成商家行銷的觸及率也會受限。

⚓加入商家為好友，可不定期看到好康訊息

　　全新 LINE 官方帳號擁有「無好友上限」，以往 LINE@ 生活圈好友數量八萬的限制，在官方帳號沒有人數限制，還包括許多 LINE 個人帳號沒有的功能，例如：群發訊息、分眾行銷、自動訊息回覆、多元的訊息格式、集點卡、優惠券、問卷調查、數據分析、多人管理…等功能，不僅如此，LINE 官方帳號也允許多人管理，店家也可以針對顧客群發訊息，而顧客的回應訊息只有商家可以看到。

⚓透過 LINE 官方帳號玩行動行銷，可培養忠實粉絲

此外，我們可以在後台設定多位管理者，來為商家管理階層分層負責各項行銷工作，有效改善店家的管理效率，以利提高的商業利益。這樣的整合無非是企圖將社群力轉化為行銷力，形成新的行動行銷平台，以便協助企業主達成「增加好友」、「分眾行銷」、「品牌互動溝通」等目的，讓實體零售商家能靈活運用官方帳號和其延伸的周邊服務，真正和顧客建立長期的溝通管道。因應行動行銷的時代來臨，LINE 官方帳號的後台管理除了電腦版外，也提供行動裝置版的「LINE Offical Account」的 APP，可以讓店家以行動裝置進行後台管理與商家行銷，更加提高行動行銷的執行效益與方便性。

4-2　LINE 官方帳號功能導覽

LINE 官方帳號是一種全新的溝通方式，類似於 FB 的粉絲團，讓店家可以透過LINE 帳號推播即時活動訊息給其他企業、店家、甚至是個人，還可以同步打造「行動官網」，任何 LINE 用戶只要搜尋 ID、掃描 QR Code 或是搖一搖手機，就可以加入喜愛店家的官方帳號。在顧客還沒有到店前傳達訊息，並直接回應客戶的需求。商家只要簡單的操作，就可以輕鬆傳送訊息給所有客戶。由於朋友圈中的人們彼此會分享資訊，相互交流間接產生了依賴與歸屬感，除了可以透過聊天方式就可以輕鬆做生意外，甚至包括各種回應顧客訊息的方式及各種商業行銷的曝光管道及機制可以幫忙店家提高業績，還可以結合多種圖文影音的多元訊息推播方式，來提升商家與顧客間的互動行為。

⏺ https://tw.linebiz.com/service/account-solutions/line-official-account/

4-2-1 聊天也能蹭出好業績

現代人已經無時無刻都藉由行動裝置緊密連結在一起，LINE官方帳號的主要特性就是允許各位以最熟悉的聊天方式透過LINE輕鬆做行銷，以更簡單及熟悉的方式來管理您的生意。透過官方帳號APP可以將私人朋友與顧客的聯絡資料區隔出來，可以讓您以最方便、輕鬆的方式管理顧客的資料，重點是與顧客的關係聯繫可以完全藉助各位最熟悉的聊天方式，LINE官方帳號也可以私密的一對一對話方式即時回應顧客的需求，可用來拉近消費者距離，其他群組中的好友是不會看到發出的訊息，可以提高顧客與商家交易資訊的隱私性。

說實話，沒有人喜歡不被回應、已讀不回，優質的LINE行銷一定要掌握雙向溝通的原則，在非營業時間內，也可以將真人聊天切換為自動回應訊息，只要在自動回應中，將常見問題設定為關鍵字，自動回應功能就如同客服機器人可以幫忙真人回答顧客特定的資訊，不但能降低客服回覆成本，同時也讓用戶能更輕易的找到相關資訊，24小時不中斷提供最即時的服務。

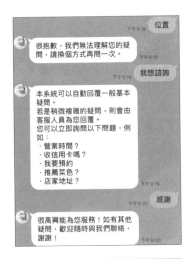

⟪LINE Official Account 方便商家行動管理

4-2-2　業績翻倍的行銷工具

正所謂「顧客在哪、行銷工具就在哪」，對於 LINE 官方帳號來說，行銷工具的工具相當多，例如商家可以隨意無限制的發送貼文串（類似 FB 的動態消息），不定

期地分享商家最新動態及商品最新資訊或活動訊息給客戶，好友們可以在你的投稿內容底下進行留言、按讚或分享。如果投稿的內容被好友按讚，就會將該貼文分享至好友的貼文串上，那麼好友的朋友圈也有機會看到，增加商家的曝光機會。

更具吸引力的地方，除了訊息的回應方式外，LINE 官方帳號提供更多元的互動方式，這其中包括了：電子優惠券、集點卡、分眾群發訊息、圖文選單…等。其中電子優惠經常可以吸引廣大客戶的注意力，尤其是折扣越大買氣也越盛，對業績的提升有相當大的助益。

∩ 電子優惠對業績提升很有幫助

「LINE 集點卡」也是 LINE 官方帳號提供的一項免費服務，除了可以利用 QR code 或另外產生網址在線上操作集點卡，透過此功能商家可以輕鬆延攬新的客戶或好友，運用集點卡創造更多的顧客回頭率，還能快速累積你的官方帳號好友，增加銷售業績。集點卡提供的設定項目除了款式外，還包括所需收集的點數、集滿點數優惠、有效期限、取卡回饋點數、防止不當使用設定、使用說明、點數贈送畫面設定…等。

　　使用 LINE 官方帳號可以群發訊息給好友，讓店家迅速累積粉絲，也能直接銷售或服務顧客，在群發訊息中，可以透過性別、年齡、地區進行篩選，精準地將訊息發送給一群屬性相似的顧客，這樣好康的行銷工具當然不容錯過。

為了大力行銷企業品牌或店家的優惠行銷活動，使用 LINE 官方帳號也可以設計圖文選單內容，引導顧客進行各項功能的選擇，更讓人稱羨的是我們可以將所設計的圖文選單行銷內容以永久置底的方式，將其放在最佳的曝光版位。

4-2-3 多元商家曝光方式

經營 LINE 官方帳號沒有捷徑，當然必須要有做足事前的準備，不夠完整或過時的資訊會顯得品牌不夠專業，在商家資訊的提供方面，盡可能在行動官網刊載店家的營業時間、地址、商品等相關資訊，假設你開設的是實體商店，並希望增加在地化搜尋機會，那麼填寫地址、當地營業時間是非常重要的。讓這些資訊得以在網路上公開搜尋得到，增加商店曝光的機會。

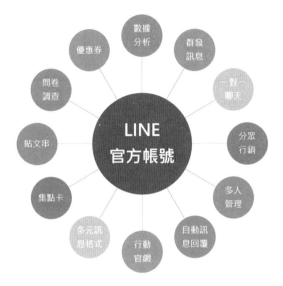

任何 LINE 用戶只要搜尋「官方帳號 ID」、「官方帳號網址」、「官方帳號行動條碼」、「官方帳號連結鈕」等方式,就可以加入喜愛店家的 LINE 官方帳號,在顧客還沒有到店前傳達訊息,並直接回應客戶的需求,像是預約訂位或活動諮詢等,實體店家也可以利用定位服務(LBS)鎖定生活圈 5 公里的潛在顧客進行廣告行銷,顧客只要加入指定活動店家的帳號,即可收到店家推播的專屬優惠。所以如果你擁有實體的店面的商家,更適合申請 LINE 官方帳號,讓商家免費為自己的商品做行銷。

4-3　帳號類型與管理方式

LINE 官方帳號 2.0 區分為「一般帳號」、「認證帳號」、「企業帳號」三種類型,分別以灰盾、藍盾、綠盾不同的盾牌顏色來加以識別,不同類型的官方帳號所擁有的功能也有些微不同,接下來就來介紹這三種帳號類型在申請身分、曝光機會與審核條件的不同。

4-3-1　一般帳號

一般帳號是任何人都可以申請和擁有的帳號,而且不需要經過審核,也不需要付年費,小商家或店面都可以使用此類型帳號來進行行銷,這類型的帳號會顯示灰

色盾牌，只提供 1 對 1 聊天、群發訊息、「自動回應訊息」、「加入好友的歡迎訊息」等基本功能，同時 也具備了跨平台、多人同步操作的特性，如果想要有更多功能的使用，不妨考慮付費方式或申請專屬 ID。一般帳號的 ID 會在 @ 後方加上 3 位數英文字母、4 位阿拉伯數字、1 位數英字母，如：「@rxe2351k」，這是系統自動產生的 LINE@ ID，通常較不容易記憶。購買專屬獨一無二的專屬 ID 最大的好處是可以提高商家或公司行號品牌的識別度，不僅顧客好記又易於搜尋，官方聲稱好友人數平均較一般帳號多 10 倍，而且只要是符合 LINE 官方審核條件的合法公司行號、組織或商家店面，如果有購買專屬 ID 可以免費申請認證帳號。目前 LINE@ 一般帳號，只能透過手機 APP 申請。

4-3-2 認證帳號

認證帳號會在帳號名稱前顯示有藍色星形盾牌的圖示，新版認證帳號規定必須購買專屬 ID，而且是通過審核的合法企業、商家或組織才行。擁有好記的 ID 名稱可以讓你的帳號更容易被搜尋到，也可以快速擴展好友數目，特別是以品牌作為專屬 ID 時，不但可以統一對外的名稱，也讓消費者更好辨識，提升品牌的形象。

專屬 ID 必須購買加值服務或支付專屬 ID 費用後才能取得，購買專屬 ID 並不昂貴，安卓用戶或是電腦版用戶只需繳交 720 元的年費，而 IOS 用戶則是 1038 元。專屬 ID 讓用戶在 @ 之後指定特定的名稱，但最多 18 個字，且系統僅能使用半形英數及「.」、「_」、「-」的符號，若要選用的 ID 已被其他帳戶所使用，則必須重新設定。認證帳號可以在官方列表、好友列表中搜尋得到，而且還可以在電腦版管理後台製作海報，另外，還可在 LINE SPOT、Google 地圖中都能找到您的店家資訊。其中 LINE SPOT 這項功能，可以讓消費者輕鬆搜尋所在地鄰近的店家資訊及各店家的特惠活動。

4-3-3 企業帳號

早期官方帳號是顯示綠色盾牌，必須是特定業種才可申請，而且須通過 LINE 公司的審核作業才能取得。這些認證帳號可以出現在官方帳號列表中，可讓其他用戶搜尋得到，並且擁有製作海報功能。而在新方案中，這些認證帳號已定義為「企業帳號」，這些帳號須符合積極經營好友關係之認定，且由 LINE 官方主動提供此認證。

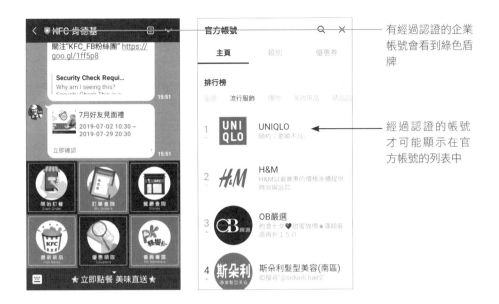

有經過認證的企業
帳號會看到綠色盾
牌

經過認證的帳號
才可能顯示在官
方帳號的列表中

　　一般帳號擁有基本功能，至於認證帳號則除了基本功能外，還有一些基本審核功能，其中部分功能需要額外計費，而企業帳號則更多了進階審核功能，例如自訂廣告受眾（Custom Audience Message）、通知訊息（Notification Message），和認證帳號類似，部分功能需要額外計費。下圖說明了這三種 LINE 官方帳號功能摘要，從圖中各位可以看出，一般官方帳號功能最少，其次認證官方帳號，功能最多則是企業官方帳號：

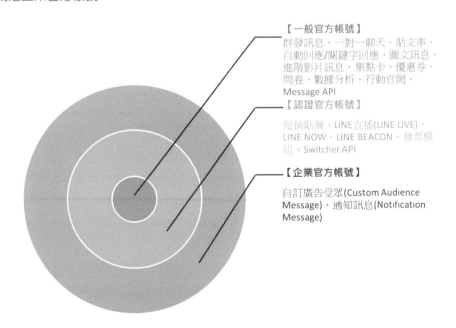

【一般官方帳號】
群發訊息、一對一聊天、貼文串、
自動回應/關鍵字回應、圖文訊息、
進階影片訊息、集點卡、優惠券、
問卷、數據分析、行動官網、
Message API

【認證官方帳號】
促銷貼圖、LINE直播(LINE LIVE)、
LINE NOW、LINE BEACON、發票模
組、Switcher API

【企業官方帳號】
自訂廣告受眾(Custom Audience
Message)、通知訊息(Notification
Message)

4-3-4　LINE 官方帳號的等級說明

　　隨著越來越多的流量移動到行動裝置上，你會發現行銷人員如今一切都以手機為優先考量，LINE 官方帳號是一種非常實用的行動社群行銷工具，更重要的後台基礎功能通通都是一律 0 元啓用。當各位升級或申請 LINE 官方帳號 2.0 後，「LINE 官方帳號」雖然擁有許多收費方案，店家貨品牌可以在行銷設計中體現行動端優先、並主動抓住消費者的注意力，不過建議不妨先使用「輕用量」的免費專案，等待熟悉各種 LINE 官方帳號所提供的行銷利器後，再可以視商家本身的需求及官方帳號好友數的規模，再來選擇適宜的費用方案。目前 LINE 官方帳號是以訊息的發送量的三個等級來設定費用的方案，分別區分為「輕用量」、「中用量」、「高用量」，如果各位想進一步了解這三種方案的費用說明，可以參考底下的網址：https://tw.linebiz.com/service/account-solutions/line-official-account/

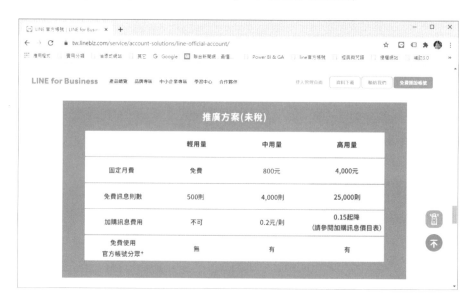

推廣方案(未稅)			
	輕用量	中用量	高用量
固定月費	免費	800元	4,000元
免費訊息則數	500則	4,000則	25,000則
加購訊息費用	不可	0.2元/則	0.15起降 (請參閱加購訊息價目表)
免費使用 官方帳號分眾+	無	有	有

　　例如上面網頁中的「輕用量」方案中的「免費訊息則數」每個月 500 則的計算方式，是以群發訊息「好友數」乘上「發送訊息的次數」。舉例來說，如果商家目前有 50 位好友，當你透過官方帳號群發一則訊息時，就代表用掉了 50 則訊息則數的用量，如果每次發送訊息都一次傳給 50 位好友，那一個月最多只能發送 10 次行銷訊息。

又例如當你的好友數超過500人,假設700人,這種情況下如果是在「輕用量」的免費方案,就無法發送訊息給所有的朋友,除非是透過「分眾」篩選過濾出精準的目標客群,並且目標客群人數是小於500人以下,假設250人,則一個月頂多發送2次訊息,超過2次就會超出「輕用量」的免費訊息則數,因此當好友數越來越多,就有必要視每個月發送訊息則數的需求,調高到「中用量」或「高用量」的方案,才可以讓商家行銷工作不會綁手綁腳。

4-3-5 LINE 官方帳號管理後台

為了方便各商家小編可以分工合作,官方帳號的管理後台還支援多人同時管理,這樣就可以大幅提高你的帳號管理的效率。另外,不論是使用 LINE 官方帳號電腦管理後台或是官方帳號 App 版,都可以幫助商家來使用 LINE 官方帳號進行管理或行銷商家訊息。

⭕LINE 官方帳號電腦版管理後台

↑LINE 官方帳號 APP 版管理後台

4-4 申請一般帳號

前面提到過一般官方帳號是任何人都可以申請和擁有的帳號，不但步驟簡單，更無須進行繁複的審核流程，唯一的限制只有「申請者必須具備 LINE 帳號」這個條件而已，只要拿到帳號，立馬就可給每一位有使用 LINE 的好友。接下來就來示範如何以建立新帳號的方式申請 LINE 官方帳號。首先如果您要在網頁上申請 LINE 官方帳號，請開啟瀏覽器連上「LINE for Business」官網的首頁（https://tw.linebiz.com/），操作步驟如下：

於此按「免費
開設帳號」鈕

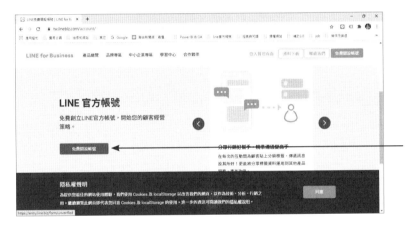

在「LINE 官 方
帳號」頁面的下
方按「免費開設
帳號」鈕

LINE 官方帳號登
入方式有兩種，
一 種 是「 使 用
LINE 帳號登入」，
另一種是「使用商
用帳號登入」，請
按下「建立帳號」

為了可以和LINE 個人帳號有所區別，建議準備另一組電子郵件與密碼，再選按「使用電子郵件帳號註冊」

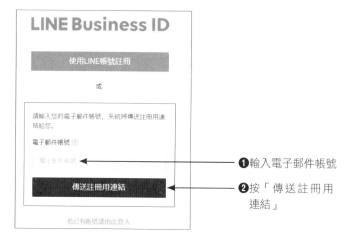

❶ 輸入電子郵件帳號

❷ 按「傳送註冊用連結」

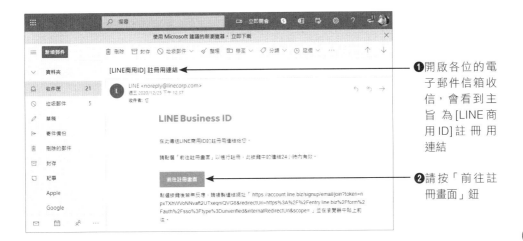

❶開啟各位的電子郵件信箱收信，會看到主旨為[LINE商用ID]註冊用連結

❷請按「前往註冊畫面」鈕

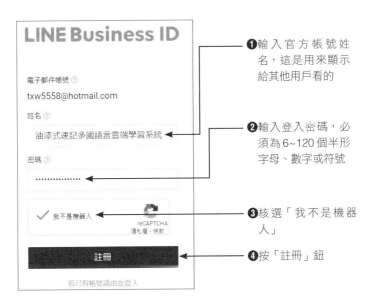

❶輸入官方帳號姓名，這是用來顯示給其他用戶看的

❷輸入登入密碼，必須為6~120個半形字母、數字或符號

❸核選「我不是機器人」

❹按「註冊」鈕

出現此畫面，再按「完成」鈕

出現「註冊完成」畫面，最後按下「前往服務」鈕

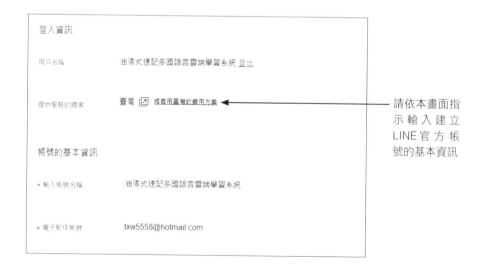

請依本畫面指示輸入建立LINE官方帳號的基本資訊

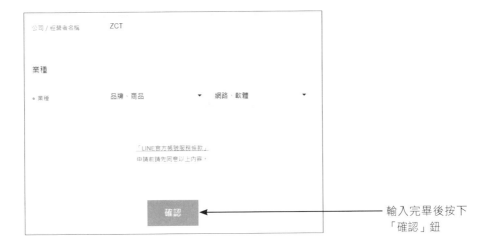

輸入完畢後按下「確認」鈕

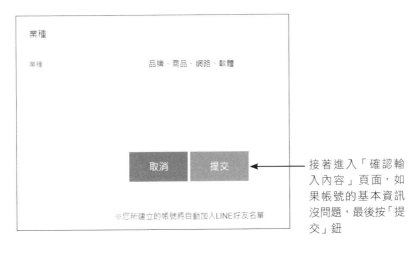

接著進入「確認輸入內容」頁面,如果帳號的基本資訊沒問題,最後按「提交」鈕

出現此畫面表示官方
帳號已建立完成，
請點按「前往 LINE
Official Account
Manager」鈕

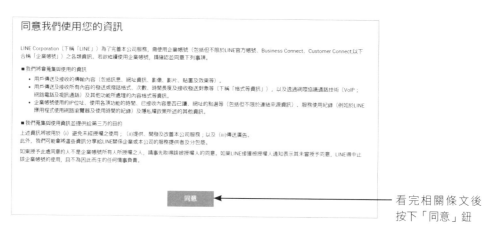

看完相關條文後
按下「同意」鈕

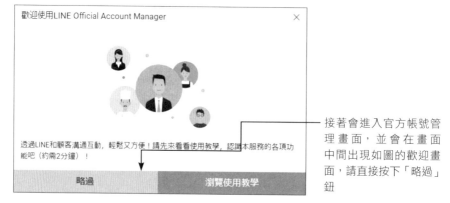

接著會進入官方帳號管
理畫面，並會在畫面
中間出現如圖的歡迎畫
面，請直接按下「略過」
鈕

在官方帳號管理畫面的上方就可以看到各位所申請的官方帳號的名稱與系統隨機產生的一組 ID

4-4-1 登入電腦版管理介面

之前跟各位提過除了使用手機管理外，也可以使用官方帳號電腦版管理後台來管理帳號。官方帳號電腦版後台可以做宣傳頁面、製作海報、調查頁面、新增操作人員或權限變更等，這些都是手機板所沒有的功能。如果想要進行較完整功能的設定與管理，建議使用電腦版管理後台登入。首先請在電腦上開啟瀏覽器，並進入 LINE 官方帳號登入管理頁面，網址如下：https://tw.linebiz.com/login/

接著再透過 LINE 個人帳號或商用帳號登入官方帳號的管理頁面，完整的操作過程示範如下：

1. 於瀏覽器輸入網址 https://tw.linebiz.com/login/ 連上「登入管理頁面」，接著往下滑動網頁，找到「登入管理頁面」鈕：

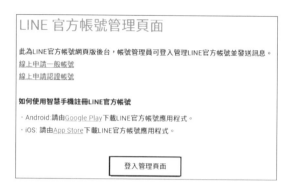

2. 接著依自己申請官方帳號的情況，選擇使用「使用 LINE 帳號登入」或「使用商用帳號登入」，因為先前筆者是以新建帳號的方式，所以這個地方筆者按下「使用商用帳號登入」鈕：

3. 接著輸入先前申請商用帳號的電子郵件及密碼，並自行決定是否要勾選「下次起自動登入」核取方塊，最後再按下「登入」鈕。

4-4-2 官方帳號管理畫面

當各位順利登入 LINE 官方帳號管理畫面後，會在帳號一覽處看到已建立過的官方帳號，各位只要選按自己所建立的帳號名稱，就會進入官方帳號的管理畫面：

下圖就是 LINE 官方帳號的管理畫面，各位可以在不同的標籤間進行切換，來幫助商家進行各種訊息發送、建立優惠券、集點卡、訊息結果提醒、數據分析、訊息回覆、基本資料設定…等工作。

1. 包括大頭貼與帳號名稱、ID、使用方案、好友人數、回應模式，

2. 各標籤功能簡介如下：

- 主頁標籤：包括設定群發訊息、加入好友的歡迎訊息、自動回應訊息、AI自動回應訊息、圖文訊息、進階影片訊息、多頁訊息、圖文選單、優惠券、集點卡、問卷調查、增加好友人數等功能。

- 提醒標籤：最新資訊、群發訊息、帳號滿意度調查、貼文串、預約…等的各種類型的提醒。

- 分析標籤：分析好友數、訊息數量、聊天情況、貼文串、優惠券、集點卡等各種情況。

- 貼文串標籤：查看各種貼文一覽、建立新貼文與貼文的設定。

- 聊天標籤：如果處於聊天機器人模式時，無法使用聊天功能。各位必須先變更為聊天模式，才可手動傳送訊息給好友。但是當處於聊天模式時，則可以設定回應時間。若於非回應時間收到訊息，系統將傳送自動回應訊息代您回覆。

- 基本檔案標籤：會進入基本檔案的頁面設定。

- 口袋商店標籤：LINE口袋商店是一款幫助LINE官方帳號線上賣家的最新服務，此標籤會開啟如何申請口袋商店的相關說明。

3. 功能表：會顯示各種標籤的功能選單，以「主頁」標籤為例，其功能選單如下：

4. 編輯區：會根據所切換的標籤或功能，於這個區域顯示相關的編輯內容。下圖為「主頁」標籤的編輯區。

至於按下「帳號」可以進行各種和帳號相關的設定工作。

至於按下「設定」可以進行各種和官方帳號、權限、帳務…等相關的設定工作與管理工作。

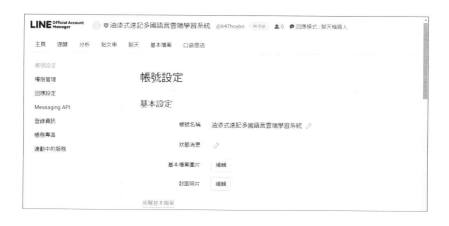

如果對官方帳號的使用上有需要一些線上文件協助，按下「Help」會提供操作教學手冊及常見問題等線上輔助學習資源。

4-4-3 大頭貼與封面照片

完成帳號建立後，下一步就是設定帳號的各種基本資訊，當我們在 LINE 裡面點選某一帳號時，首先跳出的小畫面，或是按下「主頁」鈕所看到的畫面就是「主頁封面」。「主頁封面」照片關係到店家的品牌形象，假如不做設定，好友看到的只是一張藍灰色的底，這樣就無法凸顯出店家想表現的特色。主頁封面或大頭貼照，主要是讓用戶對你的品牌或形象產生影響和聯結，主頁封面是佔據官方帳號版面最大版面的圖片，所以在加入好友之前，一定要先設定好主頁封面照片，一開始就要努力緊抓粉絲的視覺動線，這樣才能凸顯帳號的特色。

主頁封面照片

主頁封面照片

從設計上來看，各位最好嘗試整合大頭照與封面照，例如在大頭貼部分，我們將選擇上傳店家的 Logo 或專屬商標，主頁封面則是展現出店內的特色景觀，加上運用創意且吸睛的配色，讓你的品牌被一眼認出。由 LINE 官方帳號進行「大頭貼」及「封面照片」的設定時，請切換到「首頁」並選按「設定」鈕，於「帳號設定 / 基本設定」的「基本檔案圖片」右側的「編輯」鈕可以設定大頭貼，目前基本檔案圖片的圖片規格需求如下：

檔案格式：JPG、JPEG、PNG
檔案容量：3MB 以下
建議圖片尺寸：640px × 640px

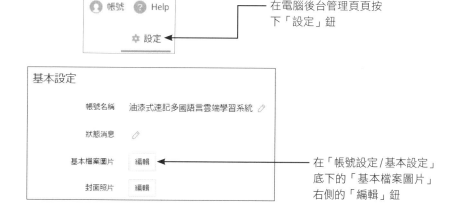

在電腦後台管理頁頁按下「設定」鈕

在「帳號設定 / 基本設定」底下的「基本檔案圖片」右側的「編輯」鈕

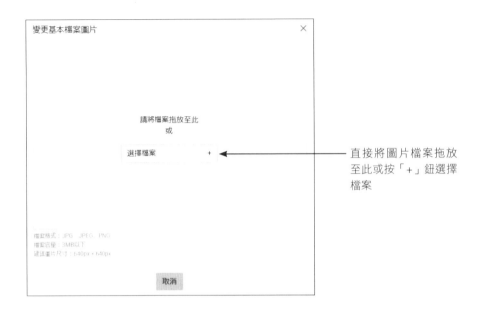

直接將圖片檔案拖放至此或按「+」鈕選擇檔案

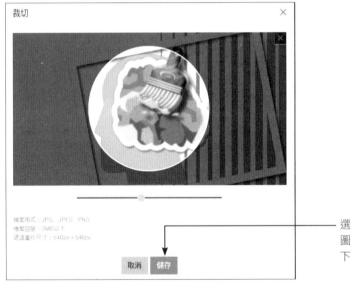

選取檔案後適檔裁切圖片的範圍,最後按下「儲存」鈕

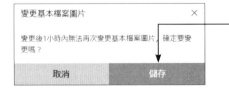

接著會出現此提醒視窗告知變更後 1 小時內無法再次變更基本檔案圖片,如果確定要變更圖片,請再按下「儲存」鈕

同理請於「封面照片」右側的「編輯」鈕可以加入官方建議的封面照片的尺寸大小，各位可以選擇現有的照片或直接使用相機進行拍攝，目前基本檔案圖片的圖片規格需求如下：

檔案格式：JPG、JPEG、PNG
檔案容量：3MB 以下
建議圖片尺寸：1080px × 878px

　　如果需裁切範圍請自行按下「裁切範圍」鈕進行設定，裁切好想要的圖片範圍後，就可以按下「套用」鈕。

　　接著會出現如下圖的詢問視窗，如果要將新的封面照片張貼至貼文串，則請按下「貼文」鈕。

4-4-4 變更狀態消息

在好友列表中，通常帳號名稱後方有時會出現一排比較小的文字，這排文字就是「狀態消息」，例如讓顧客知道店家已經有了自己的新官方帳號，這裡設定的文字可以幫助商家被搜尋到，增加曝光機會，善用它也可以增加好友的認同感。

狀態消息最多可以設定 20 個字

你可以在狀態消息中設定與商店有關且易懂的關鍵字，以便宣傳帳號內商店的特色或資訊。如果進行狀態消息變更，一小時內將不得再次變更。如果要從電腦版管理後台進行變更，請於官方帳號管理頁面的「主頁」標籤按右側的 ⚙ 設定 鈕，於「帳號設定／基本設定」選按「狀態消息」右側的 ✎ 鈕圖示。

接著設定 20 個字以內的狀態消息顯示的文字，設定完畢後記得按下「儲存」鈕。

同樣地，會接著出現如下圖的警告視窗，告知你變更後 1 小時內無法再次修改，最後請再按下「儲存」鈕完成變更狀態消息的設定工作。

4-4-5 基本檔案的魅力

　　基本檔案的建立主要是設定商家的基本資訊，基本資料填寫越詳細對好友／目標受眾在搜尋上有很大的幫助，包括營業時間、商家介紹、商家的網址…等，這些檔案的資訊，有助於讓好友快速了解的重點資訊，更多一個給消費者快速查找的管道，也不是一件壞事。首先請在官方帳號的管理畫面，切換到「基本檔案」標籤，接著會開啟一個「基本檔案的頁面設定」，這些基本檔案除了有官方帳號的大頭貼照的預覽及狀態訊息外，也可以修改官方帳號的基本資訊，但是要切換到另一個頁面時，記得要按下「儲存」鈕才可以將所修正的內容更新。

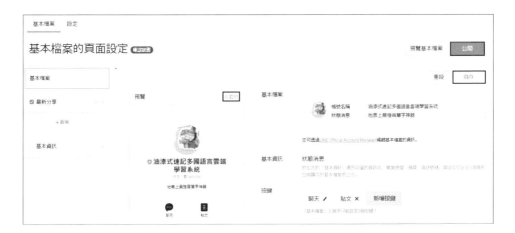

　　這個基本檔案的頁面設定，還可以切換到「設定」標籤，可允許管理者做進階設定，例如：位置資訊的變更，如下圖所示：

　　各位也可以於左側按下「基本資訊」，這個設定區塊可以讓商家勾選打算公開給顧客的資訊，例如：營業時間、網址、電話…等，當完成基本檔案的頁面設定工作後，記得要先按下「儲存」鈕存下這些修改的設定，一切無誤後，最後再按下「套用」鈕就可以預覽目前設定的資訊，各位也可以勾選要公開的基本資訊，最後再按下「公開」鈕即可。

買氣紅不讓的帳號
經營攻略

05

今天行銷人員面臨行動通路的擴張與消費者互動頻率提升，如何提供更豐富的用戶體驗已經成為品牌的共識，LINE平台的盛行，讓台灣店家們有了全新的行銷管道。LINE官方帳號能藉由專屬帳號與好友互動，並能串連與好友之間的生活圈，就有機會拉近彼此的關係，將線上的好友轉成實際消費顧客群，並定期更新動態訊息，爭取最大的品牌曝光機會。各位如果期望透過LINE官方帳號行銷，那麼首先你就該懂得如何包裝你的商品與服務，官方帳號的經營不只是技術，更是一門藝術，好友絕對不是為了買東西而來，特別是內容絕對是吸引人潮與否最重要的因素之一，本章中就要為各位介紹買氣紅不讓的帳號經營攻略。

5-1 呼朋引伴集客心要

經營官方帳號就跟開店一樣，特別是剛開立時，商家想讓帳號可以觸及更多的人，就是要吸引那些認同你、喜歡你、需要你的好友，簡單來說，就像在談戀愛一樣，進行自家商品的行銷推廣，商家想讓官方帳號可以觸及更多的人，首先好友數目當然不可少，擁有越多的好友時，當貼文或訊息一發佈出去，立馬讓所有好友都看得到。LINE官方帳號提供多種獲取好的方式，不管是LINE、Facebook、Twitter、電子郵件…等，各種的社群網站上的好友，都可以有效的告知他們你已將開始使用LINE官方帳號，讓他們可以用最簡便的方式就能輕鬆將你加為好友。

如果顧客想與商家所建立的官方帳號成為好友，只要顧客已安裝好LINE，就可以直接透過「官方帳號ID」進行搜尋，就可以與所搜尋的官方帳號成為好友。除了這個方式外，各位也可透過分享官方帳號的行動條碼、在網站上設置連結按鍵，或在將官方帳號的網址貼至所要發佈的社群或網站上等數種方式來宣傳帳號，吸引更多用戶加入好友！

5-1-1 官方帳號 ID

店家要提供完整的官方帳號 ID（必須包含 @ 字元）給顧客，如此一來，顧客就可以透過 ID 搜尋的方式加入好友。要如何查詢到商家的官方帳號 ID 呢？各位可於官方帳號管理畫面中的最上方有關官方帳號資訊中找到 ID，請記住，在利用 ID 搜尋官方帳號時，必須輸入完整的 ID，即必須包括 @ 字元，例如下圖的的「@647hoybo」：

接下來就來示範如何於 iOS 版本的 LINE 以 ID 搜尋好友的方式來與商家的官方帳號成為好友。

啟動 iOS 版本的 LINE 先，切換到「主頁」於此按「加入好友」鈕

按下「搜尋」鈕

❶輸入完整要搜尋的官方帳號 ID

❷按下「加入」鈕

與官方帳號成為好友後就可以開始聊天，此圖為該官方帳號的歡迎訊息的文字

5-1-2　官方帳號網址

在官方帳號管理畫面的「主頁」中點選「增加好友人數」，將會出現此視窗，點選「複製」鈕即可複製該網址，再將網址貼至所要發佈的社群或網站上或電子郵件分享給更多用戶，用戶可前往此網址並將您的帳號加入好友。

5-1-3 官方帳號行動條碼

當各位在「增加好友人數」的畫面中點選「行動條碼」右側的「下載」鈕就可以下載「qr.zip」檔案，解壓後會有不同尺寸的 Qrcode 的 PNG 檔案格式，你只要把該圖片貼至部落格或任何社群網站、名片、店家海報…等，有興趣的人就能以手機掃描和讀取你的行動條碼，進而加你為好友。另外，如果你也懂網頁編輯，可在 LINE 官方帳號管理後台取得你的行動條碼的 HTML 語法。

5-1-4 加入好友鍵

我們也可以在在網站設置連結鍵，點選或按一下此按鍵後，用戶即可將您的帳號加入好友。您可以如下圖按下「複製」鈕，就可以複製「加入好友鍵」的 HTML 語法標籤，並張貼至網站或部落格分享給用戶，這樣一來，顧客就可以按「加入好友」鈕，成為店家官方帳號的好友。

另外您也可以在官方帳號管理畫面建立海報（PDF 檔案）並列印輸出，以利店家以海報進行宣傳，並方便顧客成為您的商店官方帳號的好友，不過要建立海報必須是「認證官方帳號」，一般的官方帳號則無法使用這項功能。

另外如果想讓使用 LINE Pay 付款的用戶，在付款完成畫面將您的官方帳號加入好友，也必須完成 LINE 官方帳號認證後，才可以與 LINE Pay 連動。

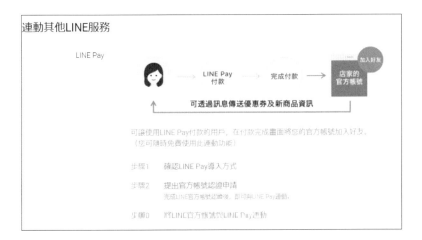

TIPS　LINE Pay 主要以網路店家為主，將近 200 個品牌以上都可以支付，LINE Pay 支付的通路相當多元化，越來越多商家加入 LINE 購物平台，可讓您透過信用卡或現金儲值，信用卡只需註冊一次，同時支援線上與實體付款，而且 Line pay 累積點數非常快速，且許多通路都可以使用點數折抵。

⚙LINE Pay 行動錢包，可以快速累積點數

5-2 速學管理後台設定功能

有關 LINE 官方帳號的設定功能，可以從電腦版的後台管理功能右側的「設定」鈕進入相關的設定頁面，可以設定的項目包括：帳號設定、權限管理、回應設定、Message API、登錄資訊、帳務資訊、連動中的服務等。如下圖左側各項的設定功能：

5-2-1 權限設定

　　LINE 官方帳號允許多人管理，因此我們可以將原先只有商家老闆或高階主管的管理權指定給特定員工，可以達到分工及分層負責的團隊合作，並減少主管維護官方帳號的時間成本。目前可以增加管理的人數最多可高達 100 人，下圖則為不同的管理人員的權限種類及權限內容：

　　如果要新增管理成員只要按下「新增管理成員」鈕就可以設定每位管理員的不同權限種類，只要一旦被指定為官方帳號的管理員，該人就可以使用他自己的 LINE 帳號與密碼登入官方帳號的管理畫面。底下為新增管理成員的操作流程：

按下「新增管理成員」鈕

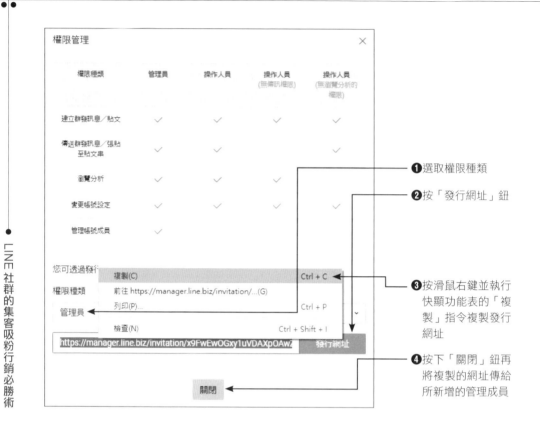

❶ 選取權限種類

❷ 按「發行網址」鈕

❸ 按滑鼠右鍵並執行快顯功能表的「複製」指令複製發行網址

❹ 按下「關閉」鈕再將複製的網址傳給所新增的管理成員

當對方收到該網址後，開啟該連結，並輸入他個人的帳號及密碼，並接下「接受邀請」鈕就可以成為該官方帳號新加入的管理員

5-2-2 帳號設定

在這個頁面可以是有關帳號資訊的基本設定，除此之外，此處也可以進行官方帳號的刪除工作，不過因為刪除帳號是一種破壞性動作，因此在刪除前一定要三思而後行，否則之前辛苦建立的官方帳號就會真正被移除而無法使用。想要刪除官方帳號，只要在「帳號設定」頁面的下方按「刪除帳號」鈕，如下圖的位置所示：

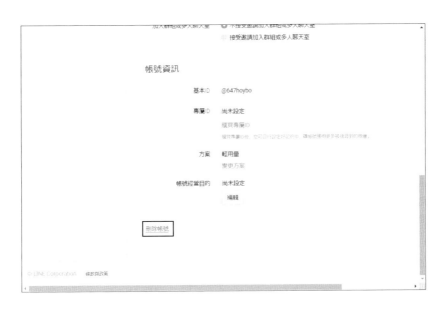

因為帳號一旦被刪除就無法復原，所以會再次出現下圖的注意事項，如果確認細節後仍要刪除這個官方帳號，就請勾選注意事項下方的核取方塊，再按一次「刪除帳號」鈕，此處僅是示範，請各位操作時不要真的刪除，以免誤刪各位辛苦建立的官方帳號。

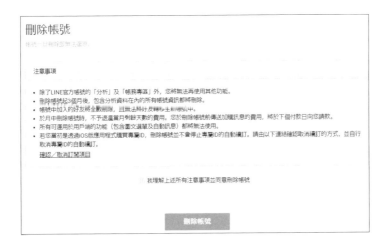

5-2-3 回應設定

這個頁面可以進行回應模式、加入好友的歡迎訊息、自動回應訊息的設定工作。

5-2-4 登錄資訊

您可於此登錄及編輯帳號的相關資訊。包括：公司資訊、管理員資訊、店家／機構資訊等。

5-2-5 帳務專區

帳務專區則包括：總覽頁面、推廣方案、專屬 ID、付款記錄、付款方式、電子發票資訊等，就以推廣方案為例，您可於此確認或變更目前的方案。不過必須先登錄付款方式，才可購買推廣方案。

5-3 貼文串的活用技巧

近年來台灣人越來越愛花時間在使用 LINE 生態圈的產品，LINE 社群主要也是依靠互動回覆訊息來增加黏著性，回答好友的留言要將心比心，如此才能增加好友對商家的黏著性（stickiness）。各位想要在好友的「狀態消息」上面顯示更多的商家資訊，「貼文串」功能（前身為 LINE 動態消息）就能輕鬆為各位辦到。

○ 白蘭氏官方帳號的貼文串相當吸睛

　　因為好友們可以在你的貼文底下進行留言、按讚或分享在貼文串宣傳產品與服務除了可以提升與好友的互動程度之外，如果貼文的內容被好友按讚，就會將該貼文分享至好友的貼文串上，那麼好友的好友也有機會看到，還可能創造病毒式的行銷效應，增加商家的曝光機會。

❶ 好友在 LINE 上按下此鈕

❷ 顯示貼文串內容

❸ 由此可按讚、留言或分享

在官方帳號管理後台的「貼文串」標籤可以建立貼立與管理貼文串投稿的設定。這些功能包含貼文串的「貼文一覽」、「建立新貼文」，以及用於管理貼文串的「設定」。要進行貼文串設定，請在官方帳號管理畫面切換到「貼文串」標籤，如下圖所示：

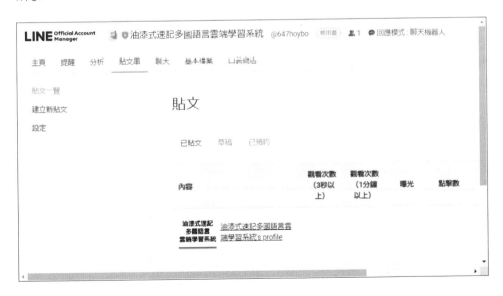

5-3-1 貼文串的設定

　　各位不要小看免費使用的貼文串，其實是很重要的曝光管道，設定方法也很簡單，請按下下圖中左側的「設定」，進入「貼文串設定」畫面可以設定如何與用戶互動，例如設定是否開放讚及留言，也可以設定是否自動核准留言，在「其它設定」則可以編輯「限制用語」及「黑名單」，當貼文串的設定動作完成後，最後要記得按下「儲存」鈕。

5-3-2 建立新貼文

　　要建立新貼文，首先請先在官方帳號管理畫面切換到「貼文串」標籤，接著按下「建立」鈕。

首先設定貼文時間，共有兩種設定方式，一種是「立即貼文」，另一種則可以指定貼文的日期及時間。

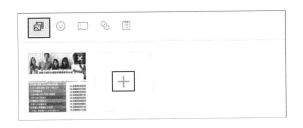

接著將這個畫面往下滑動，可以設定訊息的格式，例如上傳相片、影片、貼圖、優惠券、網址、問卷調查等，請留意，一則貼文只能選用一種訊息格式，以圖片為例，一次最多只能上傳9張，如果還要再上傳另一張圖片，則再按下「+」鈕即可。

至於貼文內容輸入完畢後，如果預覽畫面和預期的結果一致，請按下「貼文」鈕。

會再出現下圖的詢問視窗，只要再按一次「貼文」鈕，就可以立即發佈這次的新貼文。

5-3-3 內容修改與回覆

貼文串內容不僅是官方帳號進行 LINE 行銷的關鍵，而且可以說是最重要的關鍵！用心回覆訪客貼文更是提升商品信賴感的方式之一，如果要修改某一則貼文，首先請在官方帳號管理畫面切換到「貼文串」標籤，並在貼文一覽中選按想要編輯的貼文，會進入該貼文的編輯畫面，接著就可以依自己的需求，按下「刪除」鈕可以將貼文刪除，按「編輯」鈕則可以修改貼文的內容。

如果將貼文管理畫面往下捲動到下方，會看到三種標籤收集各種留言，分別為「已核准」、「審核中」、「垃圾訊息」三種。如果想回覆留言，只要在該位留言好友名稱右側按下「回覆」鈕就可以回覆該位好友的留言。

至於每位好友右側的「」鈕，則包含進階的功能選單，其功能清單如下圖所示：

5-3-4 圖文訊息

在這個講究視覺體驗的年代，比起閱讀廣告文字，80% 的消費者更喜歡透過圖片瞭解產品內容。圖文訊息是 LINE 獨有的訊息格式，透過簡單設定就能製作出滿版的視覺效果內容，以吸引顧客好友目光。 除了它可供即刻點閱的特色，可以說是非常棒的店家行銷工具。

首先我們就先來看如何建立新的圖文訊息，不過，圖文訊息目前只支援在電腦官方帳號管理畫面中設定。作法如下：

1. 首先於官方帳號管理畫面中的「主頁」標籤左側功能選單點選「圖文訊息」，接著按下「建立」鈕開始建立圖文訊息。

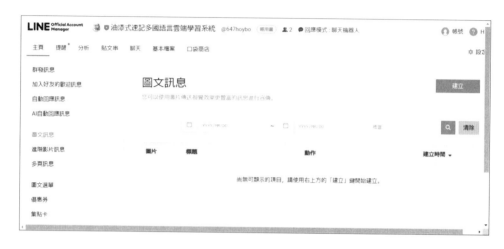

2. 接著輸入標題，這個訊息標題將顯示於推播通知及聊天一覽中。

3. 再按「選擇版型」鈕，會進入下圖視窗，提供多種不同的版型，其中正方形版型為 1040px × 1040px、自訂版型為寬度 1040px × 高度 520 ～ 2080px。各位可以視自己的圖文訊息選擇適當的圖片數及版型，確定後再按「選擇」鈕。

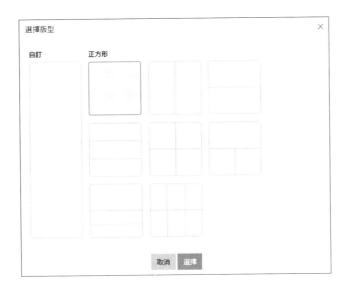

4. 最後可以上傳圖片或進行圖片的設計，第一種設計圖片的工具，請按下方的「建立圖片」鈕，可以開啟圖片的編輯器，接著就可以在編輯器中加入圖片、文字或背景顏色…等，當設計完成後再按「套用」鈕就完成圖片的設計工作，接著就可以在所選擇的版型指定各個區域的動作，例如此例我們想要讓圖片連接到某一個試用網址，就可以將類型設定為「連結」，並輸入要超連結的網址，最後則輸入動作標籤的文字說明內容，如下圖所示：

完成圖文訊息的建立之後，最後要記得按下「儲存」鈕。如此一來，將來就可以透過群發訊息、歡迎訊息…等方式，將這個設計好的商家的圖文訊息，以滿版的圖片呈現方式，來吸引顧客的眼光。

5-3-5　進階影片訊息

　　每個行銷人都知道影音的重要性，比起文字與圖片，透過影片的傳播，更能完整傳遞商品資訊。「進階影片訊息」和「圖文訊息」的設定方式非常類似，只要透過簡單設定就能製作出滿版的視覺效果內容，您可以使用影片傳送視覺效果更豐富的訊息進行宣傳，也是一項店家行銷非常生動的工具。首先我們就先來看如何建立新的進階影片訊息，不過，進階影片訊息目前只支援在電腦官方帳號管理畫面中設定。作法如下：

1. 首先於官方帳號管理畫面中的「主頁」標籤左側功能選單點選「進階影片訊息」，接著按下「建立」鈕開始建立進階影片訊息。

2. 輸入標題，這個訊息標題將顯示於推播通知及聊天一覽中。

3. 接著請按「請點選此處上傳影片」，有關建議格式：MP4、MOV、WMV，而檔案容量則建議在 200MB 以下，影片上傳後，請注意要事先將「動作鍵」設定為「顯示」，接著設定「連結網址」及「動作鍵顯示文字」，例如此例我們想要讓圖片連接到某一個網頁，就可以將「動作鍵顯示文字」設定為「瀏覽其他影片」，並輸入要超連結的網址：

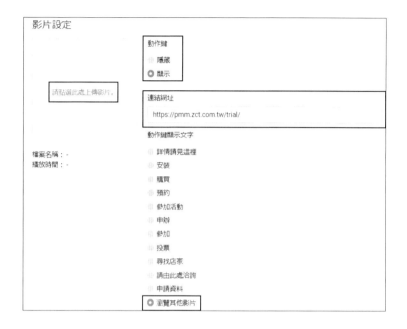

完成進階影片訊息的建立之後，最後要記得按下「儲存」鈕，如此一來，將來就可以透過群發訊息、歡迎訊息…等方式，將這個設計好的商家的影片訊息，以滿版的影片呈現方式，來吸引顧客的眼光。

5-3-6 多頁訊息

多頁訊息目前只支援在電腦官方帳號管理畫面中設定。「多頁訊息」將以滑動方式來呈現多頁訊息內容，目前 LINE 的多頁訊息功能最高一次可以傳送高達 9 個頁面，使用多頁訊息的好處就是在協助商家用較少的費用及訊息量來達到多種產品或資訊同步傳送的好處，也可以降低過多的推播訊息造成顧客的反感或過多商品行銷訊息的困擾。

首先我們就先來看如何建立新的多頁訊息，不過，多頁訊息目前只支援在電腦官方帳號管理畫面中設定。作法如下：

1. 首先於官方帳號管理畫面中的「主頁」標籤左側功能選單點選「多頁訊息」，接著按下「建立」鈕開始建立多頁訊息。

2. 輸入「多頁訊息」的標題，這個訊息標題將顯示於推播通知及聊天一覽中。接著在「頁面設定」的「頁面類型」按「選擇」鈕，依這次多頁訊息想要呈現的商品資訊挑選適合的頁面類型。

3. 此處我們以「商品服務」進行示範，確定頁面類型後，再按下「選擇」鈕。

4. 接著輸入所需的內容及資訊以完成訊息設定，此處可設定的資訊包括：宣傳標語的文字及宣傳標語的色彩，共有六種顏色可以挑選其一，接著設定每一頁訊息所要上傳的圖片數量，並進行圖片上傳的工作，接著輸入頁面標題及本頁面的文字說明，此設定頁面的左側可以看到顯示訊息的預覽畫面，並會即時顯示最新設定內容。而此設定頁面上如果設定項目勾選核取方塊，該項目的內容將會顯示在訊息上（未勾選的項目則不會顯示）。

5. 若勾選動作的核取方塊則可於此設定當用戶點選訊息上的動作鍵時所執行的動作，有關動作可選用的類型包括：網址、優惠券、集點卡、問卷調查、文字。

6. 您可於此增加訊息中的頁數，也可調整頁面的排列順序。如果按下「新增頁面」鈕就可以增加新的一頁訊息，每新增一個頁面，其設定的方式和前面所介紹的流程相同。

7. 您可於此為訊息加入具有連結功能的「結尾頁」，作為補充說明或引導用戶瀏覽更多訊息以外的內容。設定訊息完畢後，請記得按「儲存」來存檔！

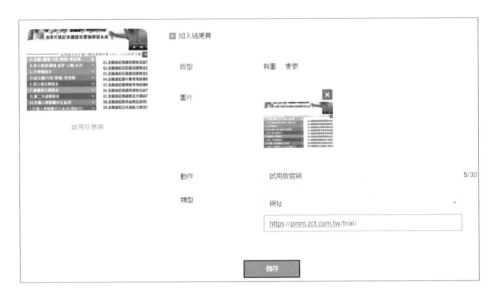

8. 設定好的多頁訊息就可以採用各種不同的訊息發送方式傳遞給顧客，將商品的資訊以滑動式圖片呈式訊息。如下圖當好友收到多頁訊息時，就可以在手機上左右滑動的方式一次觀看多訊息。

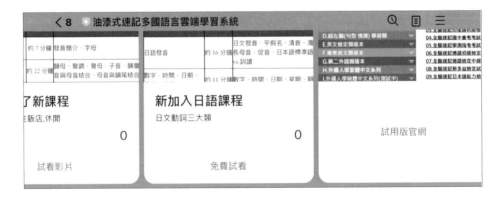

各位也可以根據各頁商品或資訊服務的訊息，進行各種互動，例如選擇訊息頁上的超連結，就可以開啓指定網址的網頁。例如下圖筆者點選了結尾頁所設定的「試用版官網」，便會自動開啓指定網址的頁面：（https://pmm.zct.com.tw/trial/）

MEMO

CHAPTER

課堂上保證學不到的
LINE 顧客關係管理

06

管理大師杜拉克（Peter F. Drucker）曾經說過，商業的目的不在「創造產品」，卻是在「創造顧客」，企業存在的唯一目的就是提供服務和商品去滿足顧客的需求。俗話常說，要抓住男人的心就要先抓住他的胃，在競爭激烈的數位行銷時代，想要擁有許多忠誠顧客，唯一的解決之道就是顧客關係管理（Customer Relationship Management, CRM）。企業必須體認到企業經營的最終目的不僅是向消費者行銷，而是隨時維持與顧客間的關係，全面爭取持續性的關係行銷機會。

⋂LINE 官方帳號就是一種「顧客關係管理」利器

在台灣使用 LINE 已經幾乎成為所有國民每日的例行公事之一，不僅擁有 2100 萬的活躍用戶，還累積了超過 150 萬個 LINE@ 帳號，LINE 官方帳號對於店家是一個超好用的「顧客關係管理」（CRM）工具，也是能更了解客戶的重要資訊，為了與各通路消費過的客人有進一步的互動，透過 LINE 官方帳號傳遞溫度，讓客人像閨蜜一樣零距離，滿足顧客即時需求及提升客戶服務價值。簡單來說，LINE 行銷就是一種透過對話式商務模式，來逐步打造你的品牌 CRM，因此店家或品牌的小編們首先就要了解「顧客關係管理」的真正內涵，特別是近年來客戶對個性化體驗的需求不斷增長，擁有可靠而詳細的客戶資訊，才能真正分析客戶輪廓，做好分眾行銷，有效地進行個性化服務，迅速將店家的流量紅利真實變現。

6-1 顧客關係管理簡介

顧客是企業的資產也是收益的主要來源，市場是由顧客所組成，任何商家對顧客都有存在的價值，這個價值同時決定了顧客的期望，當顧客的期望能夠得到充分的滿足，自然就會對商家的產品情有獨鍾。今日企業要保持盈餘的不二法門就是保住現有顧客，根據 20-80 定律在行銷上的意義表示，也就是對於一個企業而言，贏得一個新客戶所要花費的成本，幾乎就是維持一個舊客戶的五倍，留得愈久的顧客，帶來愈多的利益。小部分的優質顧客提供企業大部分的利潤，也就是 80% 的銷售額或利潤往往來自於 20% 的顧客。

∩博客來的顧客關係管理系統相當成功

「顧客關係管理」CRM）這個概念是在 1999 年時由 Gartner Group Inc 提出來，最早開始發展顧客關係管理的國家是美國，企業在行銷、銷售及顧客服務的過程中，則可透過「顧客關係管理」系統與顧客建立良好的關係。CRM 的定義是指企業運用完整的資源，以客戶為中心的目標，讓企業具備更完善的客戶交流能力，透過所有管道與顧客互動，並提供優質服務給顧客，CRM 不僅僅是一個概念，更是一種以客戶為導向的運營策略。

6-1-1 認識分眾行銷

面對全球化與網路化的競爭趨勢,從企業的角度來說,顧客的使用經驗透露出許多珍貴的商業訊息,為了建立良好的關係,企業必須不停地與顧客互動,因此現代許多企業越來越重視「顧客關係管理」(Customer Relationship Management, CRM)的範疇,未來衡量一家企業是否成功的指標,也將不再是投資報酬率或市場佔有率,而應該是顧客維持率,如何有效進行顧客關係管理才能夠真正協助企業創造更多收益。

早期企業面對顧客的方式是採用大眾行銷(Mass Marketing)的態度,是一種運用行銷媒體,針對廣大的顧客群進行行銷活動。特別是在數位行銷時代,企業競爭力與經營模式必須受到來自全球對手的挑戰時,產品價格幾近透明,企業利潤因而受到嚴重的擠壓,許多企業的行銷預算都花錯地方,花在非提升顧客價值的地方。有鑑於此,現代企業為了提高行銷的附加價值,開始對每個顧客量身打造產品與服務,塑造個人化服務經驗與採用分眾行銷(Segment Marketing),蒐集並分析顧客的購買產品與習性,並針對不同顧客需求提供產品與服務,為顧客提供量身訂做式的服務。

◑Lativ 服裝的 LINE 官方帳號將分眾行銷發揮得淋漓盡致

TIPS 分眾行銷（Segment Marketing）的效用在於同時選擇數個區隔市場經營，針對不同的市場需求，幫助您了解每一位消費者的行為與喜好，創造與競爭對手的差異化，一一滿足他們的需要，並考量公司企業的資源條件與既定目標，推出不同產品與服務，以他們的條件來攏絡他們，藉由提供顧客優異的價值，讓他們感覺真的有所不同，這也是客制化（Customization）服務的一種。

6-1-2 顧客關係管理的精神

⋒LINE 官方帳號也具有這三種完整的功能

「顧客關係管理」（CRM）就是企業藉由與顧客充分地互動，能夠規範企業與顧客往來的一切互動行為資訊，包括獲取、發展和維繫顧客關係，可以視為一種持續性的行動，來瞭解及影響顧客的消費行為，凡是與顧客互動、顧客服務、以及業務活動有關的功能都包括在內。如果以功能性來看，主要是利用先進的 IT 工具來支援企業價值鏈中的行銷（Marketing）、銷售（Sales）與服務（Service）等三可涵蓋行銷、銷售以及任何與服務客戶和吸引新客戶相關的服務活動。

從數位行銷角色的角度來說，現代企業已經由傳統功能型組織轉為網路型的組織，透過網路無所不在的特性，主動掌握客戶動態及市場策略，進而鎖定銷售目標及擬定最佳的服務策略。例如吸引消費者加入會員、定期寄送活動簡訊或電子報、紅利點數、購物紀錄等，並且透過活動開發潛在客戶，進一步分析行銷活動效益，創造顧客最高滿意度與貢獻度的行銷模式，進而創造出以「關係行銷」（Relationship Marketing）為行銷的核心價值，整合社群平台的粉絲網頁，讓行銷管道更加多元化，精準將行銷資源投注於最有價值及發展的客戶群中，來創造企業長期的高利潤營收。

> **TIPS** 「關係行銷」（Relationship Marketing）是以一種建構在「彼此有利」為基礎的觀念，強調銷售是關係的開始，而非交易的結束，發展出了解顧客需求，而進行顧客服務，以建立並維持與個別顧客的關係，創造顧客最高滿意度與貢獻度的行銷模式，謀求雙方互惠的利益。

CRM 可以視為一種管理模式，同時也被視為一種行銷模式，不論是從事行銷、銷售，或服務的工作，「人」往往才是最關鍵的因素。過去企業的行銷多以產品生產為導向，認為企業與顧客之間往往只存在交易關係，經過多年來的管理思維演進，企業漸漸發現到，企業在進行策略規劃時，建立健全的顧客關係原來是從行銷開始。吸引新顧客只是行銷過程中的一部分，如何緊緊抓住消費者的心、建立消費者對於企業和商品的忠誠度，才是現代數位行銷應考慮的重心。

> **TIPS** 許多企業往往希望不斷的拓展市場，經常把焦點放在吸收新顧客上，卻忽略了手頭上原有的舊客戶，如此一來，也就是費盡心思地將新顧客拉進來時，被忽略的舊用戶又從後門悄悄的溜走了，這種現象便造成了所謂的「旋轉門效應」（Revolving-door Effect）。

CRM 系統的精神，不是要來取代行銷人員對顧客的照顧，而是希望幫助行銷人員在整個銷售流程中，在正確時刻提供顧客精確的產品或服務，包括經銷商通路管理，一手掌握所有顧客情資，以更加有效率的管理與顧客的關係，將客戶資源轉化成有形的資產，進而達到更多銷售機會的開創，才是最終的王道。進入競爭激烈的網路行銷時代中，雖說低價商品或服務，是許多顧客的希望，但更多顧客注重服務品質，將成本降低，企業應更專注於創造顧客的附加價值，只有以服務取勝，才能顯示出企業的競爭優勢。顧客的忠誠度往往和售後服務成正比，相對上來說，忠誠的顧客可以買得更多或願意購買更高價的產品。

6-2 群發訊息的魅力技巧

「做 LINE 行銷就像談戀愛，多互動溝通最重要！」如果沒有長期的維護經營，有可能會使粉絲們取消好友。「LINE 官方帳號」有一個十分受到歡迎的互動特色就

是可以群發訊息給好友，讓經營者藉此平台累積粉絲，直接銷售或服務顧客，提升品牌好感度與轉化率。群發訊息可以傳送文字、貼圖、照片、優惠券、圖文訊息、進階影片訊息、影片、語音訊息、問卷調查、多頁訊息等多種訊息格式。

訊息一定要抓準顧客的心理，消費者真正感興趣的，是對他們真正有用的價值訊息！「LINE 官方帳號」最多一次群發訊息時可以同步發送三則訊息，也就是一次最多可以三則對話框的訊息內容，但要強調的是，每一則訊息的對話框只能有一種訊息格式，不能將不同的訊息格式混合使用在同一個對話框中。舉例來說，如果第一則對話框的訊息格式是文字，就不能在同一個對話框加入圖片或影片等其他格式，必須放在第二個新增的訊息內容中。群發訊息一次可以組合三種不同的訊息格式於三個對話框，再一次發送 3 則訊息給多位好友。

另外，也可以預先設定訊息傳送的時間，或是將編寫一半的訊息儲存為草稿，等有空的時候再繼續編輯。請注意，各位在發送訊息時，務必要考慮發送的時間，但也不要在同一時間連續太多訊息，只在對的時間點，給消費者他們想要看的訊息，當然太過頻繁也會給人疲勞轟炸的感覺，像是清晨、深夜發送訊息會干擾到他人的作息，選擇在中午休息時間、下班後、或是臨睡之前發送效果會比較好。當好友願意按閱讀訊息，一定是因為你的內容有趣，所以必須保證訊息一定要有吸引人的亮點才行，而不是像大撒幣一樣的瘋狂推播。首先我們就先來看如何利用群發訊息來一次發送 2 則訊息給多位好友，作法如下：

1. 首先於官方帳號管理畫面中的「主頁」標籤左側功能選單點選「群發訊息 / 建立新訊息」，接著就可以設定「傳送對象」及「傳送時間」，在進階設定區塊中如果勾選「張貼至貼文串」則可以將所新增的訊息同步發送到貼文串。如果勾選「指定群發訊息則數的上限」則可以根據預算經費的上限可傳送的則數去指定要發送的訊息量。

> **TIPS** 群發訊息注意要點
>
> 在群發訊息時，官方帳號是採用訊息量來計價，共劃分為低、中、高三個用量，低用量是免費使用 500 則，中用量須月付 800 元，可以免費發送 4000 則訊息，高用量月付 4000 元，免費發送 25000 則訊息。如果超過免費訊息的數量還必須另外再加購，特別注意的是，如果是同一則訊息同時發給 100 個的好友，那麼表示耗用了 100 則的額度，以此類推。也就是說，「發送次數」X「好友數目」=「總訊息發送數」，如果你的追蹤者數目較多，可以使用電腦版來另購加值服務。

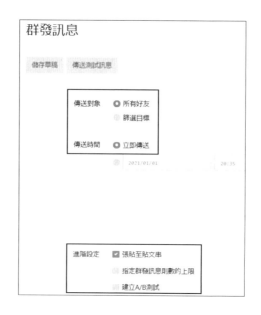

2. 於訊息編輯列先行選按要群發的訊息格式，群發訊息最多可以同時傳送三則訊息，商家所編輯的訊息也可以同時投稿到主頁，但是一則訊息只能選擇一種格式。此處筆者第一則訊息示範的訊息格式為文字，並接著於中間的訊息框中輸入要傳送的訊息內容。

3. 按下「新增」鈕可以再發送另一則訊息，第二則訊息此處示範是「圖片」訊息，
當要群發的訊息決定後就可以按「傳送」鈕。

4. 接著會出現如下圖的確認視窗，再按下「傳送」鈕就可以多則訊息一次發送給多
位好友。

5. 這個時候官方帳號的好友或顧客，就可以在 LINE 一次收到兩則訊息，如下圖所
示：

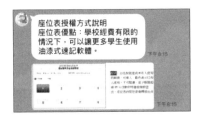

6. 這個時候官方帳號管理畫面中的「主頁」標籤左側功能選單點選「群發訊息 / 訊
息一覽」就可以看到剛才所發送的訊息。

增加群發訊息的點閱率

各位在透過「群發訊息」時,要妥善安排預覽範圍的文案,特別是前 25 個字元,把關鍵文字或放在重要資訊放在最前面,預覽時就可以吸引好友的目光,提升好友的點閱率。如果是在同一時間發送多則訊息,則記得把關鍵文案放在最後一則的最前面。

6-3 分眾推播訊息

LINE 行銷的興起對品牌來說是個絕佳的機會點,因為社群用戶持續分眾化,現在的人是依照興趣或喜好而聚集,所關心或想看內容也會不同。LINE 真正的行銷價值,並非只是讓企業品牌累積粉絲與免費推播行銷訊息,而是這個平台具備公認最精準的分眾(Segmentation)行銷能力,群發訊息是將訊息發給所有的好友,但是當好友數達到上萬人次後,每發送一筆訊息可能就得荷包失血,為了讓商家在行銷商品時能夠精準的發送至準客戶,「LINE 官方帳號」還推出了「分眾訊息推播(Targeting Message)」的功能,讓用戶針對性別、年齡、地區等不同屬性來進行分眾行銷。善用「精準分眾行銷」訊息發的少,讓預算花在刀口上,成效變更好! 分眾行銷可以依「屬性篩選」及「受眾建立」兩種方式來分眾群發。

6-3-1 好友屬性篩選

隨著 LINE 的快速崛起，現在的人是依照興趣或喜好而聚集，所關心或想看內容也會不同，不僅讓消費者趨於分眾化，消費行為也呈現碎片化發展，因此我們可以依好友屬性篩選的方式將訊息傳送給特定屬性的顧客，讓特定屬性的族群收到符合精準行銷的商家訊息，告別無差別式群發訊息。接著我們就先來看如何以好友屬性篩選來達到分眾群發訊的目的，說明如下：

1. 首先於官方帳號管理畫面中的「主頁」標籤左側功能選單點選「群發訊息 / 建立新訊息」，接著於「傳送對象」核選「篩選目標」。

2. 不過如果您目前官方帳號的目標好友數未滿 100，則會看到類似下圖的畫面，自然就無法以好友屬性設定篩選條件來分眾推播訊息。

3. 當 LINE 官方帳號的目標好友數滿 100 人後，才可以設定篩選條件，這種前題下才可以在「依屬性篩選」看到一個「新增篩選條件」鈕，然後才能進一步設定要以哪一個屬性進行篩選。目前可以設定篩選條件的屬性有「加入好友期間」、「性別」、「年齡」、「地區」、「作業系統」五種屬性，當決定好屬性的篩選條件後，就可以按「設定」鈕完成篩選設定的工作。

底下表格為這五種篩選性的特點說明：

所設定的篩選條件	說明
加入好友期間	依據顧客和官方帳號建立好友的時間長短，給予不同的訊息，例如：給加入官方帳號滿滿一年的好友做「回娘家贈禮卷」活動。

所設定的篩選條件	說明
性別	也可以針對商品的特性以性別的分眾推播，例如女裝店的商家，就可以將女性愛好的商品分眾行銷給女性顧客。
年齡	以五歲為一個單位，可以選擇把商品訊息發送給特定年齡層的好友。例如適合大學年齡層學習的軟體，就可以透過年齡的篩選條件推播訊息給適合的客群。
地區	地區屬性適合地區性商家或有不同分店的店家推出門市的特惠活動，如此一來，只針對特定地區發送訊息，不僅可以更有效宣傳活動，進行提升商品的銷售業績，也可以避免因為隨意群發訊息，導致顧客的困擾與反感，如果對不同地區過多的垃圾訊息，有時還會導致好友封鎖商家的官方帳號，那就得不償失了。
作業系統	若是 APP 或遊戲軟體，可以以作業系統屬性篩選條件，給不同手機作業系統的好友不同的介紹訊息。

6-3-2 受眾建立功能

不同的對象，要有不同的溝通與對話方式，受眾建立功能是沒有好友人數限制時，也就是無論你的好友人數是多少都能直接使用，可以設定不同條件的受眾，分眾溝通更細緻，這些可供設定的條件包括：使用者識別碼 UID、點擊 / 曝光再行銷、聊天標籤…等，利用所建立的受眾，可以讓店家在群發訊息時，直接指定包含或不包含能收到訊息的受眾，讓群發訊息能以較少的預算精準分眾行銷。

1. 首先於官方帳號管理畫面中的「主頁」標籤左側功能選單點選「群發訊息 / 受眾」，按一下「建立」鈕：

2. 在基本設定區塊的「受眾類型」選擇合適的受眾，此處示範「曝光再行銷」受眾。

以下為各種受眾類型的說明：

- 使用者識別碼 UID 上傳：透過使用者識別碼 UID 而建立的受眾，這種受眾類型可以將訊息精確地傳送給這些指定 ID 的用戶。

- 點擊再行銷：將點擊過群發訊息中的連結的官方帳號好友當作受眾對象。下次再發送新訊息時，就可以依篩選目標來新增這些受眾作進一步的訊息發送或商業行銷。

- 曝光再行銷：將之前開啓過群發訊息的官方帳號好友當作受眾對象，也就是針對那些已看過前一次發送的訊息內容，建立成受眾名單，作為下一階段發送訊息的對象。

- 聊天標籤受眾：將您在一對一聊天室中設定標籤的用戶當作受眾對象。

- 加入管道受眾：指透過特定管道將您的帳號加入好友的顧客，受眾規模須達 100 人才能群發訊息。

- 網站流量受眾：指透過網站流量資訊建立受眾，受眾規模須達 100 人才能群發訊息。

3. 輸入受眾名稱，並於目標設定清單中選定的項目右側按一下「選擇」鈕。

4.接著於下圖畫面中按「儲存」鈕完成設定。

完成「受眾」設定後,當我們在群發訊息時,就可以在「傳送對象」核選「篩選目標」,並按下「新增受眾」鈕,此時就指定要發送訊息的受眾。

6-4 一對一零距離推廣法則

店家如果要一對一與客戶聊天也沒問題，對話內容不會被群組中的其他人看到，讓商家接收諮詢或訂單保有絕對的隱私性。由於 LINE 官方帳號預設回應模式為「聊天機器人」模式，當官方帳號的好友傳送訊息給商家時，會收到類似下圖的自動回覆的訊息內容：

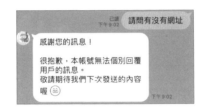

如果想與顧客一對一聊天，就必須在官方帳號管理畫面設定回應模式為「聊天模式」。作法如下：

1. 於官方帳號管理畫面中切換到「聊天」標籤

2. 會出現「正在使用聊天機器人模式」的視窗，必須要變更為聊天模式，才可以手動傳送訊息給好友，請按下「設定回應模式」鈕。

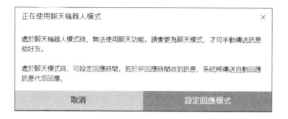

3. 核選「聊天」回應模式。

4. 如果確定要變更，請再按「變更」鈕。

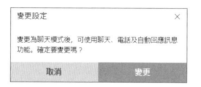

5. 如果出現下圖畫面，可以設定與 LINE 用戶通話的功能，按「立即設定」鈕。

6. 再按「前往設定」文字連結。

7. 當完成語音及視訊設定後，就可以在網頁版管理後台使用通話功能。

8. 接著請在官方帳號管理後台切換到「聊天」標籤，可以進入下圖畫面，會看到可以一對一聊天的對象，整個聊天的方式和 LINE 很接近，如果好友人數過多，還可以透過左側的好友列表上方的搜尋框進行要聊天的對象，在聊天室上方則可以看到「待處理」、「處理完畢」等標註鈕，中間為聊天內容，下方則可以輸入訊息及傳送貼圖。

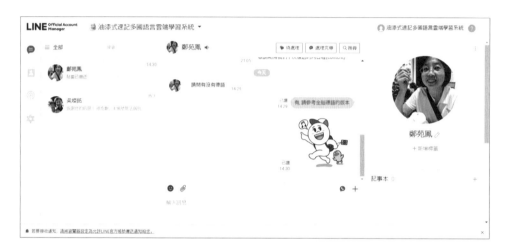

9. 右上方的「⋮」鈕有進一步的聊天室管理功能，例如刪除聊天記錄、下載聊天記錄或設定為垃圾訊息。

10. 若想進行聊天相關設定，可以按「⚙」聊天設定鈕，有各種不同聊天設定，例如在基本「頁籤」就可以設定提醒設定及語音 / 視訊設定。

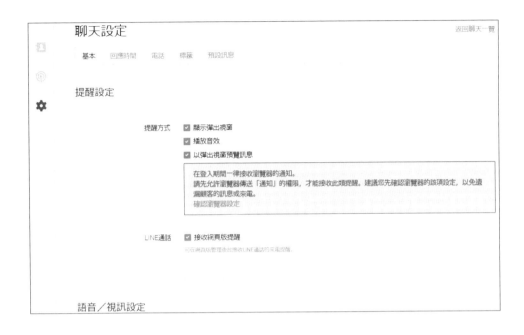

6-4-1 好友數沒有上限

　　當你向好友們傳送商品或好康的訊息後，如果好友有興趣就會主動與你聯繫。以前在「LINE@ 生活圈」使用一對一聊天進行客戶追蹤時，必須「LINE@ 生活圈」的好友主動在帳號留言，才可以在聊天列表該位留言者的頭像及暱稱，這個時候商家的管理者必須在個人的聊天畫面按下「加入」按鈕，將留言的人變為好友，才能變更客戶的顯示名稱，以方便之後可以利用好友名稱來搜尋。不過當時「LINE@ 生活圈」的加好友有人數上限 5,000 人，超過這個人數就無法加入好友，但是在 LINE 官方帳號，已經沒有好友上限的問題，客戶只要留言，就可以在一對一聊天的頁面，修改對方暱稱，讓商家管理者更能記住客戶的特點，更加方便未來的客戶管理工作！要變更好友的顯示名稱，請按一下該位好友名稱後方的 🖊 編輯筆圖示鈕。

接著會出現「變更顯示名稱」視窗，輸入 20 個字以內的新名稱後，再按下「儲存」鈕。

接著就可以看到好友的顯示名稱已變更成功。

美術團隊成員_May

6-4-2 貼上標籤與快速搜尋

LINE 的標籤可以應用在分眾行銷與一對一的聊天，對不同顧客進行精準的「個人化習慣」分眾行銷，提供「最適性」服務的體驗。我們可以建立多組標籤，然後在一對一聊天室為各位好友標註上不同的公用標籤，如此一來不僅方便識別客戶屬性，也可以透過標籤快速搜尋到同質性的好友，充分掌握到每位顧客的特徵資訊，接著我們就來示範如何建立公用標籤：

1. 首先請在聊天室左側的功能選單按一下 ⚙「聊天設定」鈕，進入聊天設定的畫面，接著切換到「標籤」索引標籤，並按下「建立」鈕，於出現的「建立標籤」視窗輸入 20 個字元以內的標籤名稱，最後按下「儲存」鈕就完成一組公用標籤的建立。

2. 接著可以參考上述的步驟再多建立幾組標籤，並回到聊天設定的頁面，當各位切換到「標籤」索引頁籤時就可以看到多組已建立好的標籤名稱。

3. 接著切換到要標註標籤的該位好友的專屬聊天室，並於該位好友名稱下方按下「新增標籤」：

4. 並於現有標籤中選擇適合表達該位好友特性的標籤，最後按下「儲存」鈕。

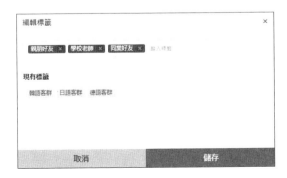

5. 就可以在該位好友名稱下方列出所選擇的公用標籤。

6. 如果想要編輯標籤，只要按下「✐」編輯標籤鈕就可以刪除或新增這位好友要標示的標籤。

7. 為各位好友加上標籤後，以後就可以在一對一聊天室中，在搜尋框中輸入標籤名稱，而能快速找到性質相似的好友。

8. 直接點選該標籤名稱，就可以列出所有被標示同一標籤的好友。

6-4-3 「記事本」記錄客戶資訊

　　除了用變更好友名稱外來標記好友的特徵外，LINE 官方帳號也允許用記事本來摘要顧客重要的資訊，這樣就可以更詳細記錄與每位客戶一對一聊天的對話重點，同時，當同一公司不同的服務人員也可以從記事本所記載的資訊清楚了解客服處理重點。要建立記事本作法如下：

1. 請於聊天室畫面左側按下「聊天」鈕圖示進入一對一聊天室，接著選取要新增記事本的好友的專屬聊天室，並於記事本右側按下「+」新增鈕：

2. 請輸入記事本的內容後，目前一個記事本最多可輸入 300 字，一位好友可以新增高達 100 本記事本，輸入完畢後，最後請按下「儲存」鈕。

3. 新增完成的記事本如果要編輯或刪除，則可以使用該記事本右側的編輯或刪除 鈕。

6-4-4 標註「待處理」與「處理完畢」

在處理客戶的問題時，有時因為手邊的資訊不足、有其他事正在處理時，這種情況下就可以透過官方帳號的「待處理」的功能，將需要後續處理的客戶標示成「待處理」來提醒自己需要再抽空來處理這位客戶的問題，等該客戶的問題處理完畢後，可再標示為「處理完畢」或移回「訊息盒」，這樣就可以避免漏了處理客戶的問題，為客戶提供一項完美的服務。

不過要如何將客戶的問題標記「待處理」、「處理完畢」呢？首先請進入到要加上這類狀況標註的好友專屬聊天室，可以在聊天室的中間上方看到如下的兩個按鈕：

接著就可以依目前這位好友的處理情況下選按標註，例如選按「處理完畢」鈕，此時在該位好友列表中該位好友的圖示下方就可以看到「處理完畢」的標註。

另外如果想要透過篩選功能將指定狀況標註的好友顯示，就可以按一下好友列表上方「☰」鈕叫出如下圖的功能選單，再依需求選擇要篩選的條件。

例如執行功能選單中的「處理完畢」指令，這時就會列出所有被標註「處理完畢」的好友列表。

6-4-5 預設訊息功能

以往 LINE@ 生活圈或各種類型的網站為了簡化回答客戶的相似問題，會提供常見問題集的方式來提供服務，但在 LINE 官方帳號的預設訊息功能，可以讓我們針對幾個客戶常見的問題，事先設置統一回答的罐頭訊息，當客戶發問相似的問題訊息時，店家只要直接點選「預設訊息」就可以快速回答，可以大幅提高客服的效率及縮減許多時間和不必要的操作，目前一個帳號最多可以設定 200 則預設訊息。

那要如何設定「預設訊息」及如何利用「預設訊息」回答客戶的問題呢？請參考底下的實例操作：

1. 首先請於聊天室畫面左側按一下「聊天設定」鈕，並切換到「預設訊息」索引標籤進入預設訊息的畫面，最後請按下「建立」鈕。

2. 輸入預設訊息的標題名稱及訊息內容，目前每則訊息的標題最多 30 字，訊息內容最多 1000 個字，最後按下「儲存」鈕就可以新增一組預設訊息。

3. 預設訊息新增完畢後，就會出再在「預設訊息」畫面下方的列表中，各位可以在指定訊息右方的編輯及刪除兩個按鈕進行訊息的修改與刪除。接著各位可以依自己的需求，參照同樣預設訊息建立的作法，再陸續建立幾個常見問題的預設訊息。

預設訊息

若您事先建立一些經常用得到的訊息內容或回答，就可以在收到用戶的諮詢訊息時，直接選用合適的預設訊息來回覆！

標題	訊息
如何試用	要試用油漆式速記多國語言請連上底下網址：https://pmm.zct.com.tw/trial/

4. 接著就來示範如何在一對一聊天的過程中以這些設定好的預設訊息回答客戶好友的問題。首先請進入到要聊天好友專屬聊天室。在輸入訊息框上方的訊息右側按下「＋」選擇內容鈕。

5. 會出現「選擇內容」視窗會列出目前已設定的預設訊息，選取要傳送的預設訊息。

選擇內容　　　　　　　　　　　　　　　　　×

💬 預設訊息

3則訊息

如何購買
可以來信或來電洽詢服務人員.

語言類別問題
要連上油漆式速記多國語言請連上底下網址，可以了解目前所有的語言類別 https://pmm.zct.com.tw/trial/

如何試用
要試用油漆式速記多國語言請連上底下網址：https://pmm.zct.com.tw/trial/

6. 在輸入訊息框會立即貼上該預設訊息，只要按下「Enter」鍵就可以輕鬆回答客戶的問題。

6-4-6 檔案互傳功能

雖然說 LINE 官方帳號除了支援多元的訊息格式，例如：貼圖、文字…等，但有時與客戶好友一對一聊天時，有可能會需要傳送不同檔案格式，因此 LINE 官方帳號也能讓你傳送不同的檔案格式給聊天的對象，讓商家與顧客間有了更簡便互傳檔案的管道。要互傳檔案，首先請進入到要聊天好友專屬聊天室。在輸入訊息框上方的訊息右側按下「 檔案」鈕，就可以選擇要傳送的檔案，讓檔案互傳更為快速且方便。

6-4-7 語音 / 視訊通話的通話邀請

除了可以互傳檔案外，也可以對客戶「通話邀請」，只要按下輸入訊息框上方的訊息右側按下「 通話邀請」鈕，第一次進行通話邀請如果還沒有開啟電話設定，會出現下圖視窗要求先開啟電話設定，請直接按「前往設定」鈕：

在下圖中 LINE 通話處核選「使用」，於彈出的視窗按「選擇通話類型」鈕則可以設定通話類型，例如：「語音通話」或「語音／視訊通話」。

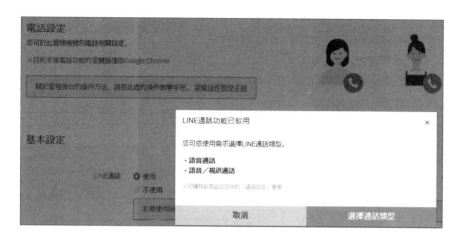

開啟電話設定後，當按下「通話邀請」鈕，就會出現「傳送通話邀請」的視窗，如下圖所示：

當按下「傳送」鈕後，在通話邀請的客戶好友手機上會出現右圖的畫面：

用戶按下「通話」鈕，會再出現右圖的確認視窗，再按一次「開始通話」鈕。

之後在電腦官方帳號網頁版後台會出現右圖電話來電的視窗，只要按下「接聽」鈕就可以開始電話通話了。

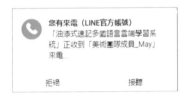

此時螢幕就會同時出現雙方帳號的代表圖示，如下圖：

當客戶如要結束談話，就可以按下紅色電話鈕掛掉電話。

6-4-8　切換自動回覆與聊天模式

另外在官方帳號 APP 也可切換「聊天機器人」與「聊天」模式，只要在官方帳號 APP 按下「設定」鈕：

再按「自動回應」選項。

　　會看到目前的回應模式為「聊天」模式，如果要改變回應模式，請再點選「回應模式」。

　　在出現的「回應模式」畫面中就可以切換「聊天機器人」與「聊天」這兩種回應模式。

C HAPTER

最霸氣的 LINE 業績
提高工作術

07

「後行動時代」來臨，無所不在的行動裝置充斥著我們的生活，LINE服務更是無處不在的連結身邊所有的人、事、物，一點一滴改變著我們的生活習慣。各位想要不花大錢，小品牌也能痛快做行銷，不只要了解顧客的需求與體貼顧客的感受，最重要是要懂得如何吸引顧客加入成為好友與刺激老顧客回訪（Retention）。本章中我們將告訴大家LINE官方帳號有哪些好康的行銷工具可以應用，包括數據資料、圖文選單、優惠券、集點卡等的應用技巧，店家可以針對品牌的特性來設計不同的活動，或是藉由活動的舉辦來活絡官方帳號與好友之間的互動。

⚡蘭芝非常懂得利用LINE來培養小資女的黏著度

例如蘭芝（LANEIGE）隸屬韓國AMORE PACIFIC集團，主打的是具有韓系特點的保濕商品系列，蘭芝粉絲團在品牌經營的策略就相當成功，主要目標是培養與粉絲的長期關係，為品牌引進更多新顧客，務求把它變成一個每天都必須跟好友聯繫與互動的平台，這也是增加社群歸屬感與黏著性的好方法，每天都會有專人到官方帳號去維護留言，並且推出免費企業貼圖，透過在Line的大量曝光，與不同的社群平台連結，激起互相導入的作用，將消費者牢牢攬住。

7-1 自動回應訊息功能

　　LINE 行銷的重點是品牌整體與好友的互動參與率，講究的是互動與回應，店家在上班時間如果考慮到提高服務品質，可以考慮將「聊天」設定為「手動聊天」模式，這種情況下當客戶有問題時，店家的帳號管理人員就可以即時針對顧客提出的問題，以聊天方式滿足客戶的問題。至於在下班時間沒有客服人員時，使用「自動回應訊息」或「AI 自動回應訊息」的模式，其中「自動回應訊息」還可搭配關鍵字使用。

7-1-1 停用自動回應訊息

　　如果各位要設定屬於商家自身特色的「自動回應訊息」前，那麼必須先停用 LINE 官方帳號預設的自動回應訊息，否則在「聊天」模式下，如果客戶於非上班時段傳訊給官方帳號，就會出現如下圖的預設回應訊息，這樣的回答，就會讓顧客會感覺納悶。

　　如果要停用自動回應訊息，請在官方帳號管理畫面切換到「主頁」標籤下的「自動回應訊息」設定頁面，接著在預設（Default）自動回應訊息右側按下「關閉」鈕。

出現下圖畫面，再按下「停用」鈕後就可以預設的自動回應訊息關閉。

停用預設的自動回應訊息之後，接著我們就來示範如何於非上班時段將「聊天」的模式設定為「自動回應訊息」或「AI自動回應訊息」模式，不過我們先來看如何分別針對上下班不同的時段設定不同的聊天模式。

7-1-2 上下班時段回應設定

有關上下班時段的回應設定，首先請先進入官方帳號管理畫面的「主頁」標籤，並參考如下的設定步驟：

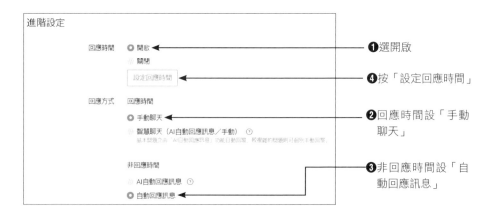

接著就會進入下圖的設定畫面，如果要刪除放假日，只要選按該日的綠色色塊，再按下 🗑 鈕，就可以刪除該指定時段。針對上班時段的修改，一樣選按該日的綠色色塊，再指定上班時間，例如下圖設定為早上 8:30 到下午 5:30 為上班時間，設定完畢後，再按下「儲存」鈕。

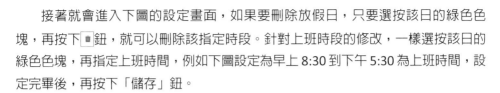
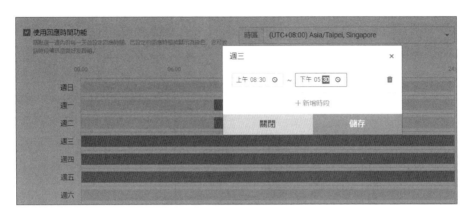

例如下圖為已設定完成的營業時間及非營業時間，記得要勾選「使用回應時間功能」核取方塊，時區設定在台灣。

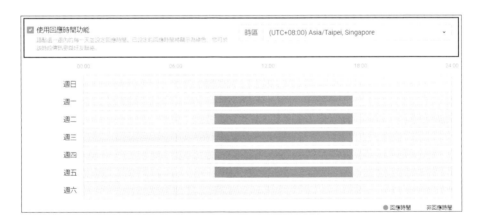

7-1-3 「無關鍵字」回應訊息

接下來我們還要說明如何在非回應時間，如何以沒有關鍵字的自動回應訊息，回答顧客的訊息詢問。首先請先進入官方帳號管理畫面的「主頁」標籤，作法如下：

①切換到「自動回應訊息」頁面

②按「建立」鈕

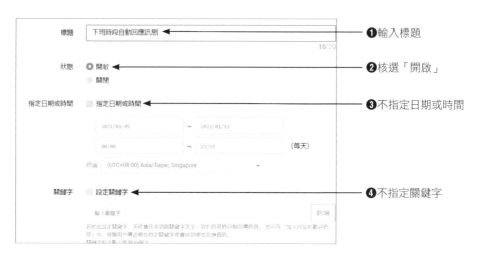

①輸入標題

②核選「開啟」

③不指定日期或時間

④不指定關鍵字

①依需求於訊息列選按訊息格式，此處選「文字」

②於訊息框輸入文字

③如果要在文字中加入好友名稱，可以按「好友的顯示名稱」

④按「儲存變更」鈕

再按「儲存」鈕

已建立一個無關鍵
字的自動回應訊息

7-1-4 「關鍵字」回應訊息

例如之前我們在「無關鍵字」自動回應輸入的訊息框文字提到只要顧客有公司
營業時段不清楚時，可以按下數字鍵 1，就能有相關的自動回應訊息，這種情況就
可以設定關鍵字為 1 時作出一些自動回應，作法如下，首先請在官方帳號管理畫面
主頁標籤下的「自動回應訊訊」設定頁面，接著按下「建立」鈕，進入下圖畫面：

- **範例 1**

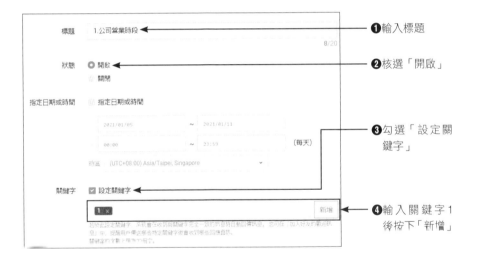

❶ 輸入標題

❷ 核選「開啟」

❸ 勾選「設定關
　鍵字」

❹ 輸入關鍵字 1
　後按下「新增」

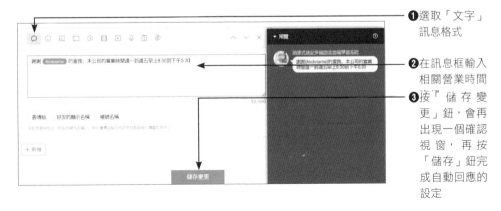

❶ 選取「文字」
　訊息格式

❷ 在訊息框輸入
　相關營業時間

❸ 按「儲存變
　更」鈕，會再
　出現一個確認
　視窗，再按
　「儲存」鈕完
　成自動回應的
　設定

- **範例 2**

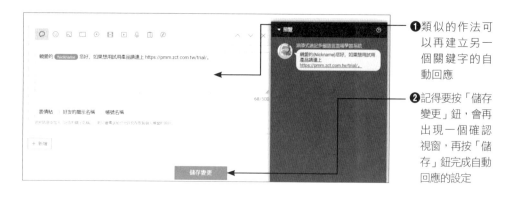

❶類似的作法可以再建立另一個關鍵字的自動回應

❷記得要按「儲存變更」鈕，會再出現一個確認視窗，再按「儲存」鈕完成自動回應的設定

標題	關鍵字	內容	指定日期或時間	狀態 ⇕	
2.試用資訊	已登錄	親愛的 (Nickname) 您好，如果想用試用產品請連上…	永遠	關閉	開啟
1.公司營業時段	已登錄	謝謝 (Nickname) 的查詢，本公司的營業時間週一到週五	永遠	關閉	開啟
下班時段自動回應訊息	未登錄	親愛的 (Nickname) 您好，現在是本公司下班時間，如果…	永遠	關閉	開啟
Default	未登錄	感謝您的訊息！	永遠	關閉	開啟

◄ 已完成一個「無關鍵字」自動回應及兩個「關鍵字」自動回應

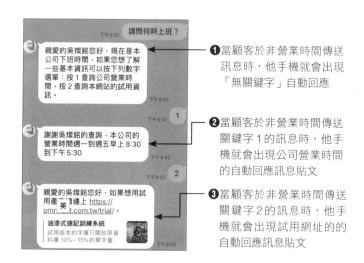

❶當顧客於非營業時間傳送訊息時，他手機就會出現「無關鍵字」自動回應

❷當顧客於非營業時間傳送關鍵字 1 的訊息時，他手機就會出現公司營業時間的自動回應訊息貼文

❸當顧客於非營業時間傳送關鍵字 2 的訊息時，他手機就會出現試用網址的的自動回應訊息貼文

7-1-5 AI 自動回應訊息

接下來就來示範如何在非營業時間以 AI 自動回應訊息，首先必須確認在官方帳號「主頁/設定/回應設定」頁面中的「進階設定」的「回應方式」必須核選「AI

自動回應訊息」，這種設定方式就會根據客戶好友的問題，AI 人工智慧技術自動判斷要以哪一個訊息範本來回覆給顧客訊息。

　　如果要編修 AI 自動回應訊息，首先請於官方帳號管理畫面在「主頁」標籤切換到「AI 自動回應訊息」，這個頁面共有四大類的訊息範本：「一般問題」、「基本資訊」、「特色資訊」、「預約資訊」，例如下圖「一般問題」中就可以看到歡迎、說明、感謝…等訊息範本。

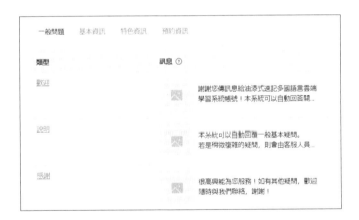

　　如果要編修範本，只要按一下要修改的訊息範本，就可以進入類似下圖的編輯畫面，只要取消勾選「使用範本訊息」前的核取方塊，就可以編輯修改訊息內容，當確定內容修改完畢後，記得按下「　儲存　」鈕。

上圖中按下「預覽」鈕就可以看到實際訊息的回應內容。

在現有四大類的訊息範本中的「一般問題」、「特色資訊」、「預約資訊」三大主題的個別訊息執行開啟或關閉。

例如如果開啟某一個訊息範本，會出現如下圖的確認視窗，只要按下「啟用」就可以啟用該則訊息。

7-1-6 智慧聊天（AI 自動回應訊息／手動）

　　另外在官方帳號「主頁／設定／回應設定」頁面中的「進階設定」的「回應時間」必須核選「智慧聊天（AI自動回應訊息／手動）」，這種設定方式就會把基本問題交由「AI自動回應訊息」功能自動回覆，較複雜的問題則可個別手動回覆。

　　在上頁面中點選 AI 自動回應訊息（智慧聊天）後，將會立即套用該功能，這項功能可在用戶傳訊息向您的帳號發問時，透過聊天機器人自動依據您設定的內容進行回覆。

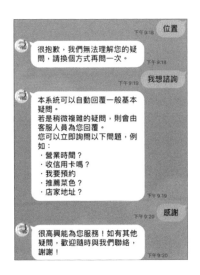

7-2 優惠券製作與群發

在 LINE 官方帳號提供有「優惠券」的功能，運用獎勵的誘因，讓陌生用戶或所謂「沈睡用戶」忍不住心動想要主動成為您的好友，還可搭配創意十足的抽獎機制，增加與線上用戶互動的機會，更能讓在店內消費的顧客，在店門口就可以看到 QR Code，馬上就可採用優惠券的方式來參加活動。這個好康的功能提供讓用戶進行優惠券的新增，商家可以設定開始 / 結束的期限、指定時區、優惠券類型（折扣、免費、贈品、現金回饋、其他），也可以設定是否顯示優惠券序號和使用的次數。建立完成的優惠券可以訊息形式傳送、投稿至動態消息，或是將它顯示於貼文串上。

∩優惠券能帶動業績成長

7-2-1 優惠券的建立

優惠券的建立與設定功能位於電腦版 LINE 官方帳號管理後台的「主頁」標籤，接著就來告訴各位如何建立為商家的活動建立一張優惠券，然後再以群發訊息的方式發送給好友：

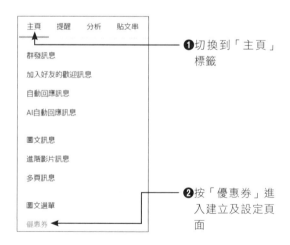

❶切換到「主頁」標籤

❷按「優惠券」進入建立及設定頁面

按「建立」鈕

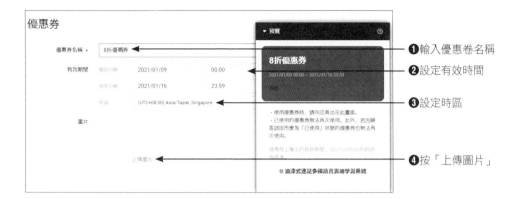

❶輸入優惠卷名稱

❷設定有效時間

❸設定時區

❹按「上傳圖片」

圖片上傳後,可以在此處看見優惠券預覽外觀

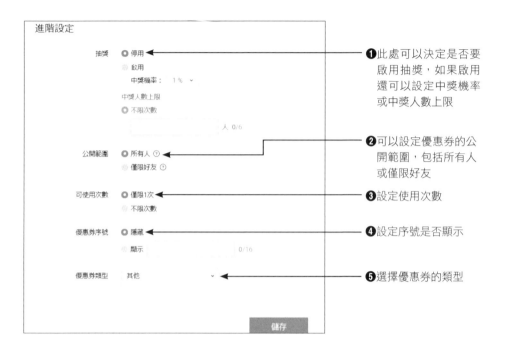

❶此處可以決定是否要
　啟用抽獎，如果啟用
　還可以設定中獎機率
　或中獎人數上限

❷可以設定優惠券的公
　開範圍，包括所有人
　或僅限好友

❸設定使用次數

❹設定序號是否顯示

❺選擇優惠券的類型

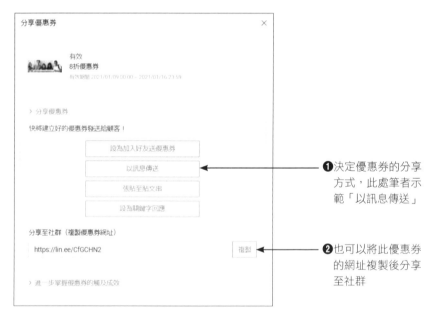

❶決定優惠券的分享
　方式，此處筆者示
　範「以訊息傳送」

❷也可以將此優惠券
　的網址複製後分享
　至社群

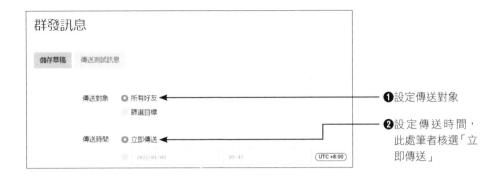

①設定傳送對象

②設定傳送時間，此處筆者核選「立即傳送」

①在「進階設定」勾選「張貼至貼文串」

②按「傳送」鈕

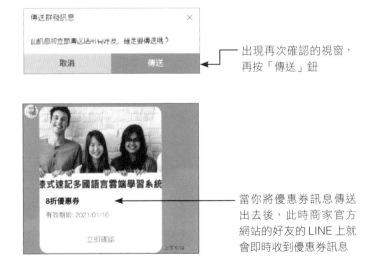

出現再次確認的視窗，再按「傳送」鈕

當你將優惠券訊息傳送出去後，此時商家官方網站的好友的 LINE 上就會即時收到優惠券訊息

7-2-2 複製與刪除優惠券

如果想要複製或刪除已建立的優惠券，只要電腦版 LINE 官方帳號管理後台的「主頁」標籤，按下優惠券項目右方的鈕，就可以於所出現的功能選單執行複製或刪除指令。

❶按此鈕
❷選擇所要執行的指令

7-2-3 優惠券編輯與預覽

有時候對於之前製作的優惠券不滿意，想要要編修優惠券，只要於優惠券名稱按一下就會出現類似下圖的編輯畫面：

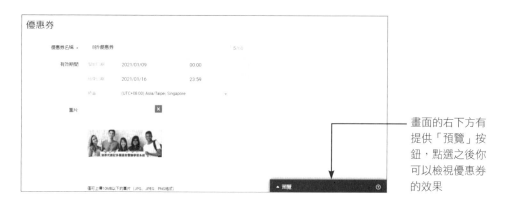

畫面的右下方有提供「預覽」按鈕，點選之後你可以檢視優惠券的效果

7-2-4 抽獎提供優惠券

接著還要告訴大家，也可以利用抽獎方式提供優惠券給好友，這種方式雖然不是全部的人都能得到優惠券，但由於帶有趣味及試手氣的娛樂效果，並有一種這次錯過，下次可能就沒有這樣機會的心理衝擊，許多商家也喜歡採用這種方式來讓好友取得優惠券的兌換資格。首先請各位建立一個優惠券，建立流程可以參考上面的例子，接著請看以下的示範說明：

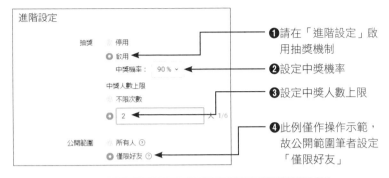

❶請在「進階設定」啟用抽獎機制

❷設定中獎機率

❸設定中獎人數上限

❹此例僅作操作示範，故公開範圍筆者設定「僅限好友」

❶此處可以預覽抽獎優惠券的外觀

❷按下「傳送」鈕

當你將優惠券訊息傳送出去後，此時商家官方網站的好友的 LINE 上就會即時收到抽獎優惠券的訊息，並顯示有效期間，只要該位好友按下「立即確認」鈕

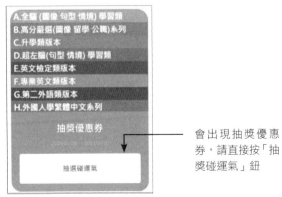

會出現抽獎優惠券，請直接按「抽獎碰運氣」鈕

如果中獎就會出現如圖的畫面，再按下「打開優惠券」鈕

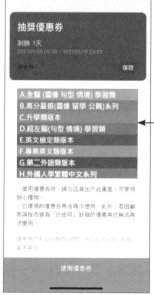

此時好友手機的 LINE 上就會得到此優惠券，將來就可以出示給商家來使用這張優惠券

7-3 集點卡集客

對於店家或品牌而言，舉辦集點活動不但深受顧客喜愛，也同時為店裡的業績帶來顯著提升，「LINE集點卡」可以透過點數的收集延攬新的客戶或粉絲，顧客的手機就是集點卡，錢包裡不用塞滿眼花撩亂的各家集點卡，不但能輕鬆累計點數外，進而促進購買慾望，還能讓顧客不斷的回流，大幅增加顧客黏著度與顧客價值。LINE集點卡提供的設定項目除了多元款式外，還包括所需收集的點數、集滿點數優惠、有效期限、取卡回饋點數、防止不當使用設定、使用說明、點數贈送畫面設定⋯等。

∩鍋日子的集點卡帶來了業績的正向成長

7-3-1 製作集點卡操作眉角

集點卡的製作與設定功能位於電腦版 LINE 官方帳號管理後台的「主頁」標籤，接著就來示範如何為商家建立集點卡及升級集點卡，然後再以行動條碼進行點數的發放。

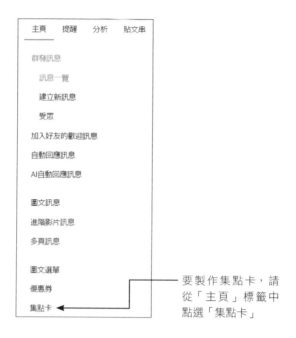

要製作集點卡，請從「主頁」標籤中點選「集點卡」

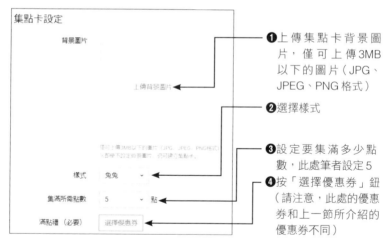

❶上傳集點卡背景圖片，僅可上傳 3MB 以下的圖片（JPG、JPEG、PNG 格式）

❷選擇樣式

❸設定要集滿多少點數，此處筆者設定 5

❹按「選擇優惠券」鈕（請注意，此處的優惠券和上一節所介紹的優惠券不同）

TIPS 是否一定要設定集點卡背景圖片？

即使不上傳背景圖片，也可以建立集點卡。

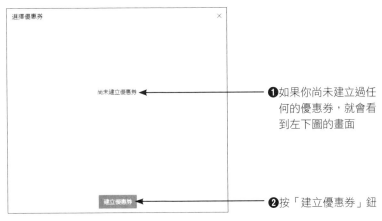

❶ 如果你尚未建立過任何的優惠券，就會看到左下圖的畫面

❷ 按「建立優惠券」鈕

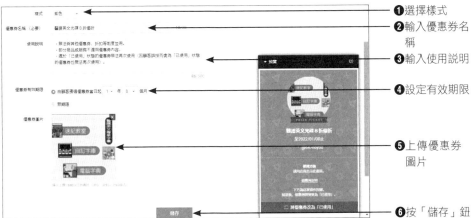

❶ 選擇樣式

❷ 輸入優惠券名稱

❸ 輸入使用說明

❹ 設定有效期限

❺ 上傳優惠券圖片

❻ 按「儲存」鈕

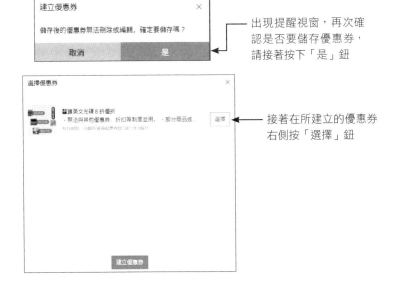

出現提醒視窗，再次確認是否要儲存優惠券，請接著按下「是」鈕

接著在所建立的優惠券右側按「選擇」鈕

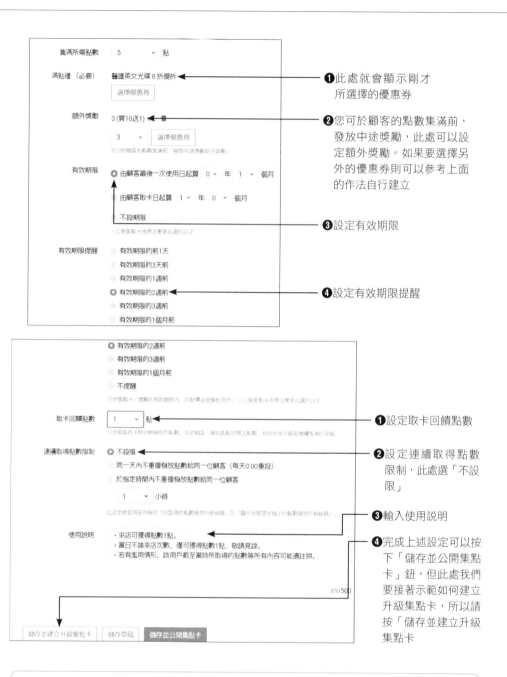

❶ 此處就會顯示剛才所選擇的優惠券

❷ 您可於顧客的點數集滿前，發放中途獎勵，此處可以設定額外獎勵。如果要選擇另外的優惠券則可以參考上面的作法自行建立

❸ 設定有效期限

❹ 設定有效期限提醒

❶ 設定取卡回饋點數

❷ 設定連續取得點數限制，此處選「不設限」

❸ 輸入使用說明

❹ 完成上述設定可以按下「儲存並公開集點卡」鈕，但此處我們要接著示範如何建立升級集點卡，所以請按「儲存並建立升級集點卡」

TIPS 建立升級集點卡

當顧客集點的卡點數集完後，若要讓顧客更換優惠的集點卡，就可以透過「建立升級點集卡」的功能來進行升級。

接著進入集點卡設定的畫面，請接著在「建立」設定區塊設定升級集點卡的樣式、集滿所需點數…等相關項目，設定完畢後，記得將畫面往下滑動，並按下「儲存」鈕完成集點卡的製作

7-3-2 集點卡設定

在電腦版 LINE 官方帳號管理後台的「主頁」標籤中的「集點卡設定」，這個設定畫面中的「升級集點卡設定」區域會列出目前所有建立的集點卡，各位如要編修任何一張集點卡，只要選按要編輯的集點卡，再依自己的現狀進行修改，一切就緒後記得按下「儲存」鈕完成集點卡新的編修設定。下圖中的「升級集點卡共通設定」會展開如下圖的各集點卡的共同設定項目的區塊：

❶按「升級集點卡共通設定」

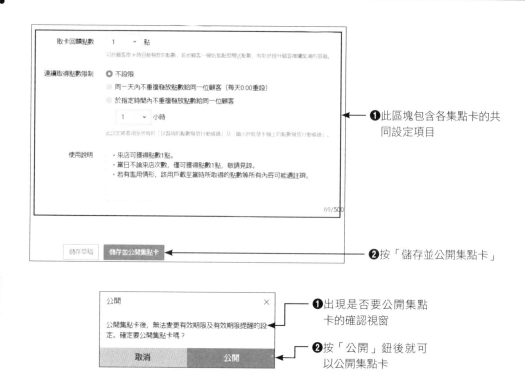

取卡回饋點數　　1　　∨　點

可於顧客取卡時自動發放的點數，若於顧客一開始集點即贈送點數，有助於提升顧客繼續集滿的信賴。

連續取得點數限制　○ 不設限

◉ 同一天內不重複發放點數給同一位顧客（每天0:00重設）

◉ 於指定時間內不重複發放點數給同一位顧客

　　　1　　∨　小時

此功能將會用至所有的「印製用的點數發放行動條碼」及「顯示於智慧手機上的點數發放行動條碼」。

使用說明　　・來店可獲得點數1點。
　　　　　　・當日不論來店次數，僅可獲得點數1點，敬請見諒。
　　　　　　・若有濫用情形，該用戶截至當時所取得的點數等所有內容可能遭註銷。

69/500

儲存草稿　　儲存並公開集點卡

❶ 此區塊包含各集點卡的共同設定項目

❷ 按「儲存並公開集點卡」

公開　　　　　　　　　　×

公開集點卡後，無法變更有效期限及有效期限提醒的設定。確定要公開集點卡嗎？

取消　　　　公開

❶ 出現是否要公開集點卡的確認視窗

❷ 按「公開」鈕後就可以公開集點卡

7-3-3　發放與分享到其他社群

集點卡公開服務後，請顧客掃描畫面印出來的行動條碼即可贈送點數。此外，顧客讀取行動條碼也可以獲得點數。當公開集點卡後，接著將發放點數的行動條碼列印出來，並請顧客掃描以發放點數。至於如何印製行動條碼的操作流程示範如下，請先在電腦版 LINE 官方帳號管理後台的「主頁」標籤中的「集點卡設定」，這個設定畫面中的「升級集點卡設定」找到「發放集點卡」設定區塊：

升級集點卡設定

發放集點卡

行動條碼　　印製行動條碼

透過將發放點數的行動條碼列印出來，並請顧客掃描，就可以點取集點卡的顧客可在掃描條碼時。

圖文選單　　建立圖文選單

讓您可在圖文選單中設定集點卡，適用戶在收到您的訊息時，即可透過選單來領像卡。

取卡網址　　https://liff.line.me/1654883656-XqwKRkd4?aid=647hoybo&utm_source=L　複製

可事先此網址分享至其他文庫或部落格等平台，就可以集點卡給更多不曾來店的顧客。

按「印製行動條碼」鈕

分享集點卡網址至其他社群

　　對於集點卡的使用方式，商家也可以將集點卡的網址分享到動態消息或部落格上，或是發行集點卡給不曾到過店裡的顧客。想要取得點卡的網址，請在「集點卡」頁面的最下方按下「複製」鈕，再至各社群網站上進行「貼入」的動作，這樣也可以觸及到更多的客群。

因為還沒有可以顯示的項目，請先按「建立」鈕

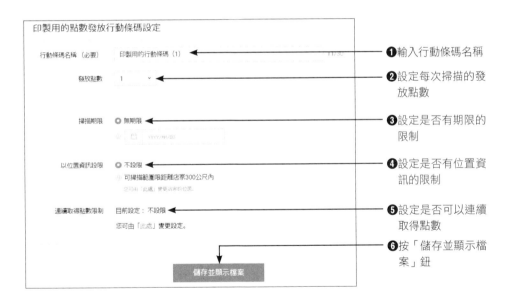

❶輸入行動條碼名稱

❷設定每次掃描的發放點數

❸設定是否有期限的限制

❹設定是否有位置資訊的限制

❺設定是否可以連續取得點數

❻按「儲存並顯示檔案」鈕

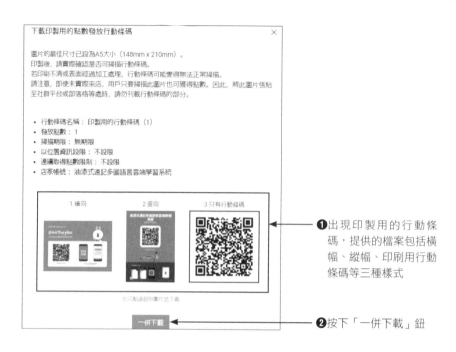

❶出現印製用的行動條碼，提供的檔案包括橫幅、縱幅、印刷用行動條碼等三種樣式

❷按下「一併下載」鈕

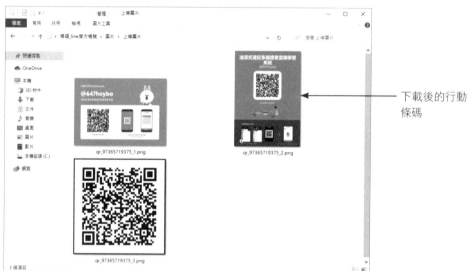

下載後的行動條碼

如果好友用手機讀取行動條碼，就會在好友手機出現領取集點上的感謝畫面，請按下「確定」鈕

出現獲得1點的畫面，再按下「完成」鈕

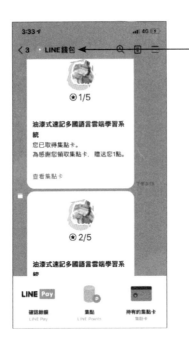

領取到的集點卡
點數就會被收
集到該位好友的
「LINE 錢包」

7-3-4 停止公開集點卡

如果店家想將停止公開目前開放中的集點卡,可以在電腦版 LINE 官方帳號管理後台的「主頁」標籤選「集點卡」設定項目,再於「集點卡設定」畫面按下「停止公開集點卡」鈕,就可以將集點卡停止公開,一旦停止公開,將無法再恢復。必須從停止集點卡公開日起算的第三天才可以重新再公開新的集點卡,所以要停止公開集點卡前,必須先清楚這項官方的規定。

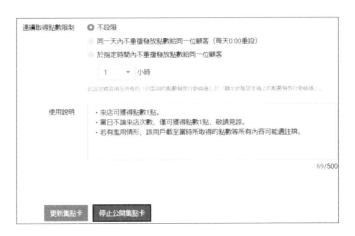

7-3-5 點數發放記錄查詢

在「主頁 / 集點卡 / 點數發放記錄」可以根據所設定的時間範圍查詢到的點數發放記錄，如果要進一步作發放記錄的分析，也可以按「下載」鈕將「點數發放記錄」以 .csv 檔案格式進行存檔。

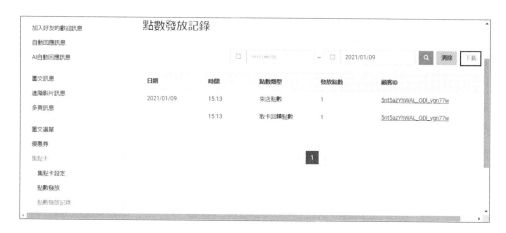

顧客要集點數必須至店家消費，至於顧客消費後，店家要如何贈送點數給顧客，相信也是大家關心的問題。店家可以從 LINE 官方帳號手機版 APP「主頁」標籤下點選「集點卡」：

接著在「集點卡」畫面中點選「於智慧手機畫面上顯示行動條碼」的選項，就可以讓顧客掃描條碼來取得點數。

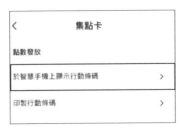

特別注意的是，此行動條碼限用一次，條碼被掃描後，需重新點選欲發放的點數來產生新條碼。

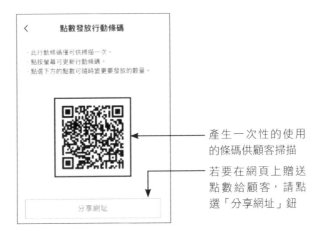

產生一次性的使用的條碼供顧客掃描

若要在網頁上贈送點數給顧客，請點選「分享網址」鈕

透過電子郵件帳號傳送圖檔後，商家只要選定其中的一種版面，再將轉發給印刷廠商，即可進行集點卡的印製。

7-4 圖文選單功能

圖文選單功能是位於商家官方帳號下方的固定位置（即聊天室的下方），它具備圖文並茂的視覺效果及導流顧客的功能。圖文化內容讓主題簡單明瞭，對於資訊的理解上也有很大的幫助，優質的圖文選單設計，除了可以引導好友認識服務，還能增加商家與好友互動的機會與情感。在圖文選單中允許商家依自身需求或顧客興

趣，來傳達商家資訊、特色、優惠活動、集點卡收集、或問卷調查，有點像商家的導覽系統，對顧客而言非常的便捷，可以幫助好友快速了解商家的重要特色。圖文選單功能（Rich Menu）的設定必須透過電腦版的官方帳號管理後台，目前 LINE 官方帳號 APP 版本無法建立圖文選單這項功能。

⌒LINE 購物及 IKEA 官方帳號的圖文選單

　　另外好友也可以透過圖文選單的連結到官網或社群平台（例如：Facebook 或是 Instagram），這種同步結合多元平台的網路行銷資源，不僅可以提高商家好友的粉絲人數，也可以提高商家對顧各的黏著度。在這個商家客製化的表單，顧客可以根據選單中感興趣的主題直接點擊，商家可以透過 LINE 官方帳號後台所收集到的點擊數據，進而觀察各種類型顧客的喜好，不僅可以作為圖文選單內容調整的參考方向，也可以根據這些點擊數據，進一步提供顧客好友更精準行銷及客製化服務。

⋔根據選單中感興趣的主題直接點擊

7-4-1　圖片設計工具

　　許多人或許不擅長使用繪圖軟體設計圖形，這種情況下就可以連上 LINE 官方帳號「選單應用」模板（https://tw.linebiz.com/download/line-official-account/），並下載適合 PC 個人電腦使用的 PNG 圖片，之後如果在設計圖文選單時，就可以直接將這些下載的圖片上傳到 LINE 官方帳號的管理後台。

連上 LINE 官方帳號「選單應用」模板，選取要下載的模板

⋔https://tw.linebiz.com/download/line-official-account/

❶在模板上按滑
　鼠右鍵

❷執行「另存圖
　片」指令

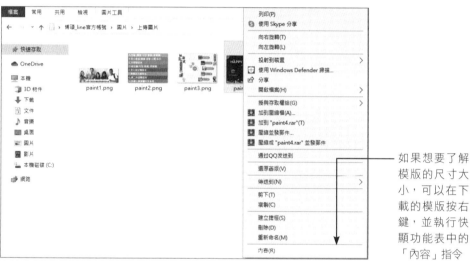

如果想要了解
模版的尺寸大
小，可以在下
載的模版按右
鍵，並執行快
顯功能表中的
「內容」指令

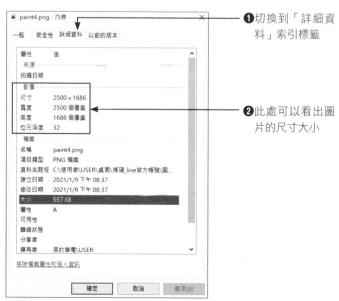

❶切換到「詳細資
　料」索引標籤

❷此處可以看出圖
　片的尺寸大小

7-4-2 建立圖文選單

圖文選單不但能做到優美的視覺化效果，還可導網址連結，有效引導顧客行動與拉升你的業績。至於圖文選單的建立與設定功能位於電腦版 LINE 官方帳號管理後台的「主頁」標籤，接著就來示範如何建立為商家的建立圖文選單的操作步驟：

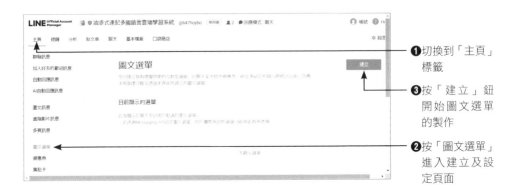

❶ 切換到「主頁」標籤

❸ 按「建立」鈕開始圖文選單的製作

❷ 按「圖文選單」進入建立及設定頁面

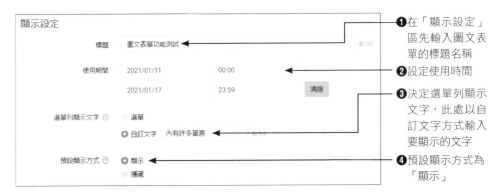

❶ 在「顯示設定」區先輸入圖文表單的標題名稱

❷ 設定使用時間

❸ 決定選單列顯示文字，此處以自訂文字方式輸入要顯示的文字

❹ 預設顯示方式為「顯示」

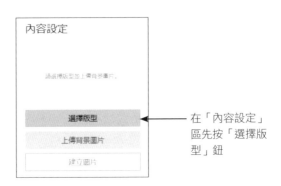

在「內容設定」區先按「選擇版型」鈕

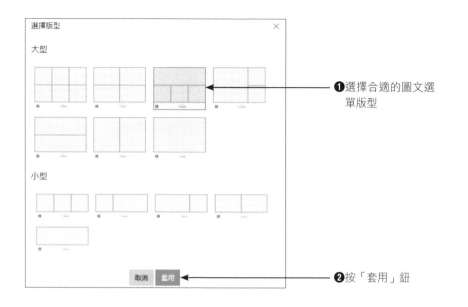

❶選擇合適的圖文選
　單版型

❷按「套用」鈕

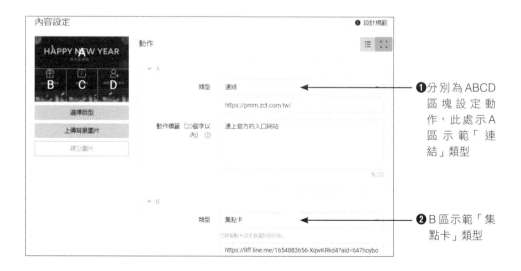

❶分別為 ABCD
　區塊設定動
　作，此處示 A
　區示範「連
　結」類型

❷B 區示範「集
　點卡」類型

TIPS **圖文表單動作可以設定的類型**

目前圖文表單動作可以設定的類型包括：連結、優惠券、文字、集點卡、不設定等，如下圖所示：

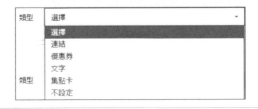

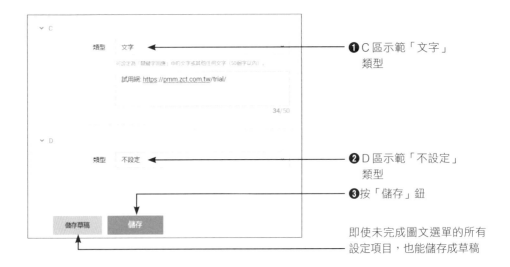

❶ C 區示範「文字」類型

❷ D 區示範「不設定」類型

❸ 按「儲存」鈕

即使未完成圖文選單的所有設定項目，也能儲存成草稿

在圖文選單的一覽畫面中，顯示的選單的相關資訊，包括：標題、使用時間及各區塊設定的動作

商家的好友連上官方帳號時，就可以在聊天室下方看到商家所顯示的文圖表單，接著如果好友按下「A區」

會開啟 A 區所設定連結網址的網頁

此為 B 區開啟
的「集點卡」

此為 C 區設定的
文字類型的內容

7-4-3　編輯圖文選單

首先請切換到「主頁」標籤，按「圖文選單」進入建立及設定頁面：

在圖文選單的一覽畫面中點選要編輯的圖文表單的標題名稱

目前的D區動作還沒設定，我們打算示範如何由好友邀請他的好友加入，請按「編輯」鈕

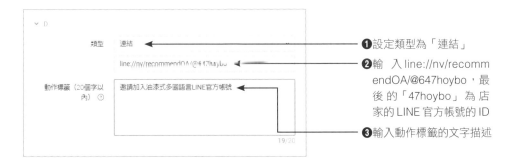

❶設定類型為「連結」

❷輸　入 line://nv/recommendOA/@647hoybo，最後的「47hoybo」為店家的 LINE 官方帳號的 ID

❸輸入動作標籤的文字描述

按下D區的「推薦我們給朋友」

接著就可以選擇要
推薦的好友

收到邀請的朋友，就
可以按「🙍」（加入好
友）鈕成為商家 LINE
官方帳號的好友

C HAPTER

引爆 LINE 行銷的精準 創新工具

08

當行動購物趨勢成熟，搶攻 ON 世代商機就成了零售業的首要目標，網路家庭董事長詹宏志曾經在一場演講中發表他的看法：「越來越多消費者使用行動裝置購物，這件事極可能帶來根本性的轉變，甚至讓傳統電子商務產業一切重來」。

∩ 流量就好比開店人潮，是最普遍的人氣 KPI 指標

隨著網路時代快速來臨，行銷的本質和方法已經悄悄改變，數位行銷的模式千變萬化，沒有所謂最有效的方法，只有適不適合的策略。在今天「社群」與「行動裝置」的迅速發展下，數位行銷常被認為是較精準的行銷，主要由於它是所有媒體中極少數具有「可被測量」特性的新媒體，都可以透過各種不同方式來進行測量、轉換與評估。在網路上只有量化的數據才是數據，店家可以透過分析數據，看見網路行銷的績效，進而輔助調整產品線或創新服務的拓展方向。

> TIPS 所謂 ON 世代 ，是每日上網 3 小時（Always On-Line）以上，通常是指使用智慧手機或平板等行動裝置上網的年輕族群，這個族群對於行動科技有重度的依賴。「關鍵績效指標」（Key Performance Indicator, KPI）的選擇就扮演非常重要的角色，這些指標可以用來檢視行銷所能花費的成本，提供企業一個客觀有效的評估方法。

8-1　問卷調查功能

我們知道任何行銷成果當然不可能一蹴可幾，任何行銷活動都有其目的與價值存在，如果我們花費大量金錢與時間來從事 LINE 行銷，進而希望提高網站或產品曝光率，當然要研究與追蹤行銷的效果。許多商家總認為只要投入經費大量行銷或提供許多商品優惠的方案，就可以帶來業績的大幅成長，其實不然，萬一效果不如預

期，其可能原因在於所提供的商品資訊，或優惠方案並不一定是消費者感興趣的，因此設計一份真正能了解顧客的問卷，透過問卷分析結果，得到顧客的價值訊息與優化店家的服務模式。

♾SurveyCake 官方部落格提供許多熱門問卷範例

　　例如我們可以透過官方帳號的「問卷調查」功能和好友們作更進一步的互動，並讓顧客感覺自己被重視，再藉助有明確目標的問卷調查收集意見，以進一步了解顧客的需求及避免商家可能面臨的潛在問題，透過顧客的回應意見，找到提高商家服務品質及增加經營績效的改善方向，另外透過重視顧客的寶貴意見，也可以累積顧客對商家品牌的信任度。長期而言，絕對有助於商家營運績效的提升。問卷設計完成後，商家還可透過歡迎訊息、自動回應訊息、群發訊息、貼文串等功能發送問卷調查的訊息。

⚡問卷調查可透過群發訊息、貼文串邀請 LINE 用戶回答

　　首先必須要能設計出一份可以真正了解顧客需求的問卷，例如調查商品滿意度、顧客行為、產品開發意見、服務品質…等，確立好問卷目標後，必須有清楚的開場白，並說明問卷目的、設計方式與相關條款，就要確保問卷題目的，都能讓商家得到想要獲取的關鍵訊息。當完成問卷調查的第一步工作後，接著就要構思如何讓您的顧客願意填寫問卷，包括讓顧客清楚了解為什麼要填寫問卷與問卷的格式。例如問卷設計的題目不要過多，或者加上互動小遊戲優惠券與贈送或抽獎，都可以提高顧客願意完成問卷的意願。接著透過問卷分析所蒐集到的資訊，來真正了解消費者的需求，如果收集到消費者不滿意的資訊，也可以作為商家改善商品的參考依據。

☊「青川淺」以填寫完問卷可獲得 50 元消費金

如果店家貨品牌也能試圖了解消費者為何無法成交商品的種種因素，例如價格因素、產品功能、產品吸引力、其它競品…等，試圖找出無法落實成交的諸多原因，就能擬定對策，優化產品、服務、改善流程…等種種策略，進一步期許可以提高商品成交的可能性。

8-1-1 建立問卷調查

問卷調查的建立與設定功能位於電腦版 LINE 官方帳號管理後台的「主頁」標籤，接著就來示範如何建立為商家的問卷調查選單的操作步驟：

❶切換到「主頁」標籤

❸按「建立」鈕開始問卷調查的製作

❷按「問卷調查」進入建立及設定頁面

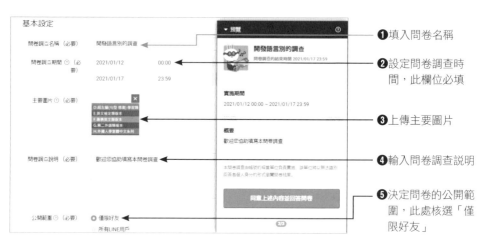

❶填入問卷名稱

❷設定問卷調查時間,此欄位必填

❸上傳主要圖片

❹輸入問卷調查說明

❺決定問卷的公開範圍,此處核選「僅限好友」

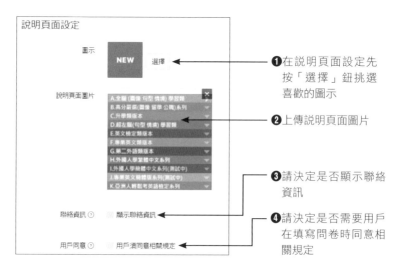

❶在說明頁面設定先按「選擇」鈕挑選喜歡的圖示

❷上傳說明頁面圖片

❸請決定是否顯示聯絡資訊

❹請決定是否需要用戶在填寫問卷時同意相關規定

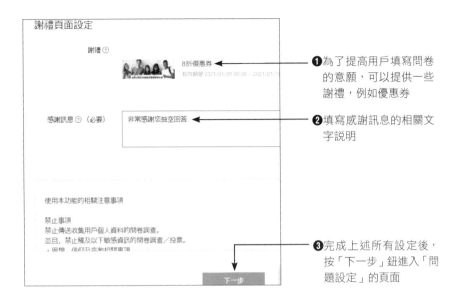

❶為了提高用戶填寫問卷的意願，可以提供一些謝禮，例如優惠券

❷填寫感謝訊息的相關文字說明

❸完成上述所有設定後，按「下一步」鈕進入「問題設定」的頁面

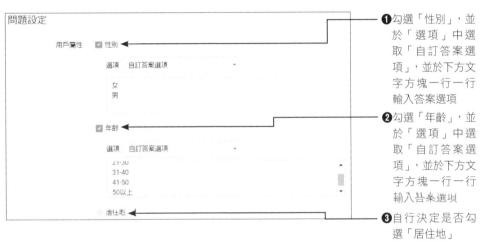

❶勾選「性別」，並於「選項」中選取「自訂答案選項」，並於下方文字方塊一行一行輸入答案選項

❷勾選「年齡」，並於「選項」中選取「自訂答案選項」，並於下方文字方塊一行一行輸入答案選項

❸自行決定是否勾選「居住地」

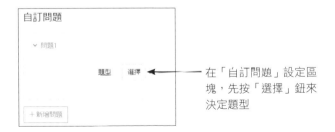

在「自訂問題」設定區塊，先按「選擇」鈕來決定題型

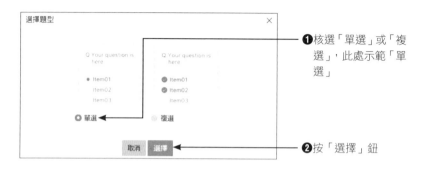

❶核選「單選」或「複選」，此處示範「單選」

❷按「選擇」鈕

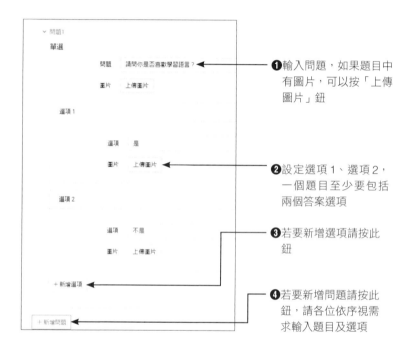

❶輸入問題，如果題目中有圖片，可以按「上傳圖片」鈕

❷設定選項1、選項2，一個題目至少要包括兩個答案選項

❸若要新增選項請按此鈕

❹若要新增問題請按此鈕，請各位依序視需求輸入題目及選項

此頁為問題2的設定，其它新增問題的出題方式和上述作法類似，在此不再詳述，建立各位也可以練習出複選題或新增二個以上的答案選項

所有問題自訂完畢後，
記得按下「儲存」鈕

8-1-2 問卷調查執行過程

以下為客戶好友完整的問卷調查過程：

因為目前問卷調查時間還沒有結束，所以在下圖中的該問卷調查名稱的「狀態」欄位為「進行中」，當問卷調查時間結束後，就可以在下圖的頁面，切換到「已結束的問卷調查」，就可以下載問卷調查的結果。

8-2 數據分析神器

之前介紹的圖文選單已提供顧客多種管道來了解商家訊息及提高好友數的各種策略，其初步想法就是希望提高好友數的成長，但好友數有可能和 YoutTube 的訂閱人數類似，當好友數成長到一個階段時，人數的成長或許會逐漸開始趨緩，甚至即使好友數增加人數大幅成長，但卻沒有帶來業績成長的實質效益，要了解這些可能原因，可以從 LINE 官方帳號提供的分析數據功能，進行得到改善加入好友的管道及優化經營成效的具體方向及作為

♫許多 YouTube 頻道訂閱數會逐漸開始趨緩

　　目前電腦版－官方帳號後台好友提供「分析」頁籤可以查看各種好友相關的詳細數據分析，這些項目包括「好友」、「訊息則數」…等，這些項目的數據會以獨立的一個頁面呈現，不僅可以看到各種項目的詳細數據，也可以看到各種以圖表呈現的分析內容，透過各種數據的觀察與交叉比對分析。

　　例如在「好友」項目的分析頁面可以觀察出每天加入的好友數量與封鎖數量等相關資訊，也可以設定顯示的區間。有了這些好友數據的分析，就可以來判斷目前商家的經營成效，接著就可以設定如何提高好友數及目標轉換成效，進一步優化官方帳號經營成效，最終目標就是希望可以為商家帶來更多實質的獲利。

如果商家的官方帳號好友人數想要更進一步成長，最好可以申請一個好記代表官方品牌形象的專屬 ID，另外，可以朝提供更多更簡便的好友加入管道來增加好友人數。另外，商家還可以後台分析好友多數來自於哪個管道，有了這些資訊就可以針對該管道投入更多的行銷資源，以提高該管道的曝光，以期可以因為增加更多的好友，為商家帶來更多的營業獲利的效益。

↑好記的專屬 ID 有助增加好友人數

除此 LINE 官方帳號電腦版管理後台提供「分析」頁面來查看各項數據之外，LINE 官方帳號手機 APP 的後台也可以觀看官方帳號的好友數據指標。

⋂LINE 官方帳號手機 APP

在電腦版 LINE 官方帳號的管理畫面中，當切換到「分析」標籤，這個頁面提供瀏覽數、留言數、好友人數、用戶屬性，訊息數…等各項數據的總覽，商家可以從這些收集到的資料進行整理、統計分析及資訊判讀。「分析」總覽畫面主要針對各項觀察指標，以對比數值、圖形及列表來加以呈現，各位可以針對各項的數據做交叉比對分析。如果想更進一步了解各個項目的詳細數據資料，可以點選「好友」、「訊息則數」、「群發訊息」、「貼文串」、「優惠券」…等項目，進入各項目的詳細資料的頁面。

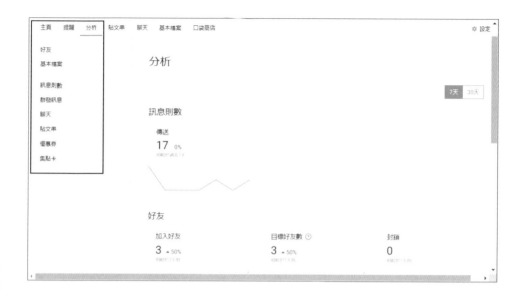

8-2-1 好友的統計數據

　　包含「概要」、「屬性」及「加入管道」。其中「概要」頁籤可以確認好友數量的變化，「屬性」頁籤則可確認性別、年齡、地區的預估值，「加入管道」頁籤可以查看各種好友加入管道的排名。

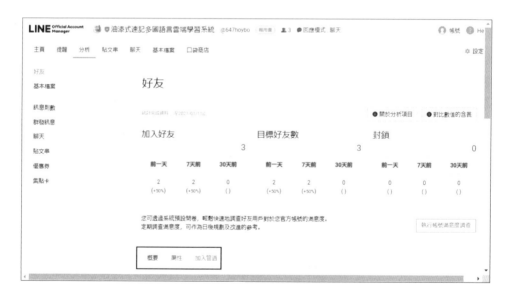

8-2-2　檔案的統計數據

　　包括頁面瀏覽數及不重複用戶的統計數據，也可以指定時間範圍，並以檔案方式下載到電腦中作進一步分析。

8-2-3　訊息則數的統計數據

　　可確認所有訊息傳送次數，包含「傳訊」、「歡迎加入」、「自動回應」、「聊天」等子項。

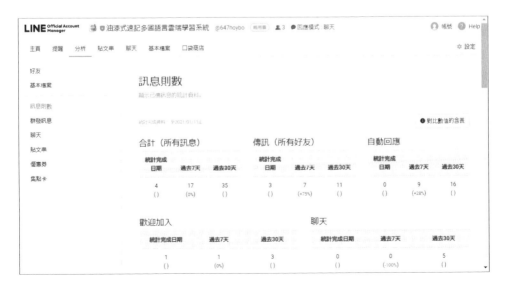

8-2-4 群發訊息的統計數據

包括群發訊息的傳送時間、訊息內容、傳送好友數、已開封、點擊的用戶、有播放的用戶、完整播放的用戶。

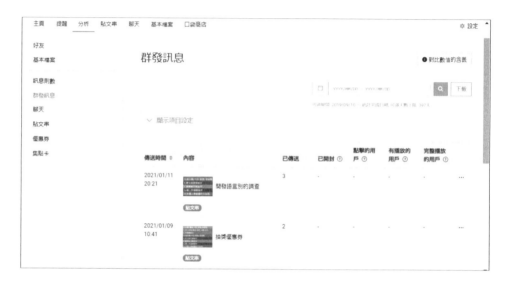

8-2-5 聊天的統計數據

可確認活躍聊天室的數據與聊天中的訊息數量，包括接收的訊息及傳送的訊息。

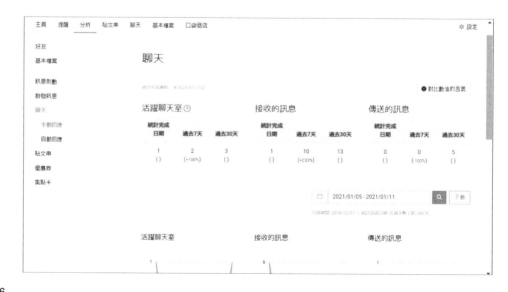

LINE 社群的集客吸粉行銷必勝術

8-2-6 貼文串的統計數據

可確認已投稿貼文的曝光次數、點擊數及觀看次數（3秒以上）。

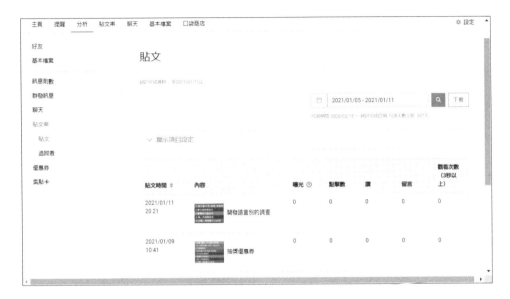

8-2-7 優惠券的統計數據

可確認每張優惠券的管道、已開封的用戶、頁面瀏覽數、已領取的用戶及已使用的用戶。

8-2-8 集點卡的統計數據

包含「卡片／點數」、「點數分布情形」兩個頁籤，可以查詢集點卡的發行數量與點數分布情形等。

8-2-9 提醒

可以查看各種訊息發送的提醒通知，可以 LINE 官方帳號主頁上方切換到「提醒」頁籤，可以看到類似下圖，除了查看全部的提醒資訊外，也可以依需求查看不同操作的提醒通知，例如：「最新資訊」、「群發訊息」、「帳號滿意度調查」…等，如下圖所示：

8-3 外掛模組市集簡介

所謂外掛模組是指 LINE 技術合作廠商使用 LINE API 所開發的應用程式，這些應用程式可以直接串接 LINE 官方帳號，以擴充官方帳號更多實用的功能，使用外掛模組最大的好處就是不需要任何技術開發就能直接使用這些實用的功能。通常外掛模組的設定，只需要簡單的幾個步驟，就可以快速啟用。

> **TIPS** API 是什麼？
>
> API 全名為 Application Programming Interface，中文翻譯為應用程式介面，主要功用是應用程式與應用程式之間溝通的橋樑，這個介面定義了雙方如何傳送資料的規範與細節，通常是系統廠商推出的溝通介面，用來作為支援第三方的開發者撰寫額外的應用程式功能，來強化本身產品的功能。

各位要安裝外掛模組首先必須先開啟 LINE 官方帳號，透過這些外掛模組可以在合理的經費下，直接使用一些實用的行銷工具來推廣業務，而不需要每項功能都自己開發，可以為企業節省不少的費用及研發時間，也不用擔心開發上可能會面臨的技術問題。

目前外掛模組供應廠商的客服：台北數位、邦妮科技、翔評互動、奧理科技、點點全球、老虎網路科技、安永金融科技…等，外掛模組市集集合了許多實用的外掛模組，不過目前一個官方帳號最多只能安裝一個外掛模組，請注意不要安裝多個外掛模組。https://tw.line-oa-marketplace.com/?utm_source=feedback.line.me&utm_medium=Referral&utm_campaign=marketplace

如果想找尋目前市集有哪些實用的外掛模組，可以在上圖中按下「挑選模組」鈕，可以進入下圖的外掛模組的名稱列表：

除了上述以產業、功能或價格來篩選出目前可安裝的外掛模組外，也可以依關鍵字搜尋的方式找尋所需的外掛模組，例如輸入關鍵字「活動」，則會列出和活動相關的外掛模組，如下圖所示：

如果對特定模組有興趣了解，則可以將滑鼠移到該模組上方，例如「抽獎活動模組」，就可以「立即試用」或「了解更多」該模組功能更多的細節資訊。

例如在上圖中按下「了解更多」，就可以看到類似下圖為「抽獎活動模組」的完整說明網頁，如果功能符合商家的期待，當按下「立即試用」鈕進行相關的設定。

8-4　讓好友甘心掏錢的 LINE 廣告

　　販售商品最重要的是能大量吸引顧客的目光，到碎片化的行動時代，商品要如何搶占消費者眼球？廣告當然便是其中的一個選擇。傳統廣告主要利用傳單、廣播、大型看板及電視的方式傳播，來達到刺激消費者的購買慾望，進而達成實際的消費行為。LINE 行銷確實是一個成本較低的行銷方式，但不代表就是免費。

　　LINE 廣告無疑是增進社群行銷的利器，在 LINE 中刊登廣告，絕對是快速又精準行銷的一個方式，除了贊助免費「貼圖」或「主題」的企業形象廣告外，LINE 的廣告管道來源主要有四種：第一種是「曝光型原生廣告」的「LINE TODAY」，第二種是「成效型原生廣告」的「LINE Ads Platform, LAP」，第三種是橫跨多元廣告位置的「LINE 保證型廣告」，第四種則是「片頭影片廣告」的「LINE TV」。

8-4-1　LINE TODAY

　　「LINE TODAY」有每天最新國內新聞、影音與直播等內容豐富的貼心服務，只要打開 LINE 可以就可隨時關注 LINE TODAY 日達近 2000 則新聞內容，掌握最新的生活脈動與最流行的話題，不用擔心跟不上時代資訊變化的洪流。LINE TODAY 是一個人氣超高的行動新群平台，在「LINE TODAY」的今日頭條高達 4000 萬，隨著台灣用戶對 Line 的依賴已全面進到下一個階段，每月有接近 2100 萬月活耀用戶及 20 萬

用戶最高同時在線，而且使用者男女比例平均、年齡層廣，功讓 Line 使用者對於接受新資訊有了新的選擇，也多了黏著在 Line 上的時間，如果想讓公司的品牌或產品能大量曝光於消費大眾面前，LINE TODAY 絕對是一個投放行銷文案或企業廣告的最佳選擇。

　　企業或商家透過 LINE TODAY 投放廣告所帶來的好處，包括有增加企業品牌知名度、官方帳號好友數，也有助於商業行銷的議題或活動受到更多的關注，如果企業主也有開發貼圖或專屬 APP，適時在 LINE TODAY 投放廣告，都有助於提升它的下載次數。

　　在 LINE TODAY 投放的廣告是依曝光數或曝光時間來計價。目前 LINE TODAY 多元化的廣告版位主要有兩種型式：第一種廣告版位是保證 1,000 萬次曝光的全站輪播，這種類型的廣告位置主要有：「首頁（今日頭條）」、「各新聞分類首頁」、「文章頁中」或「文章頁底」四種。例如下圖的文章頁中就包含了三則廣告：

LINE TODAY 有「原生廣告導網站」及「原生廣告導 APP 下載」兩種廣告格式，例如下圖就是「原生廣告導網站」，這種類型的廣告如果想了解產品細節，只要按下「查看更多」鈕，就會將原生廣告導向該產品介紹的網站。

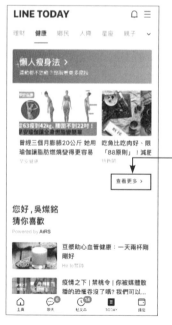

按下「查看更多」鈕，就會將原生廣告導向該產品的介紹

LINE TODAY 的第二種廣告型式則是主題式指定版位定時曝光的方案，這種型式的廣告位置是位於首頁【今日頭條】焦點新聞第 4 則，主要的廣告型式則是連接到文章頁，這種廣告型式的特色是黃金時段包版曝光 10 小時。

∩ 位於焦點新聞的廣告會連接到文章頁

如果想更進一步了解 LINE TODAY 廣告的細節，建議可以連上 LINE 全媒體代理商—台北數位廣告官方網站，網址如下：https://taipeiads.com/line-today.php

8-4-2　LINE Ads Platform

　　「LINE Ads Platform, 簡稱 LAP」是網路經濟時代不能錯過的行動廣告平台，它是一種「成效型原生廣告」平台，LAP 採用競價模式，廣告主有機會透過競價方式，爭取到高價值、高曝光的廣告版位。以目前全台約 1900 萬 LINE 使用者，在 LAP 投放的廣告會直覺地出現在 9 成以上 LINE 用戶日常觀看的版面，例如：聊天列表上方個人化訊息推播、LINE TODAY、貼文串、LINE POINTS、LINE 錢包等。

◑貼文串、LINE POINTS 常有成效型原生廣告的蹤跡

　　「成效型原生廣告」還可以結合 LINE 官方帳號、LINE POINTS 廣告活動所收集到的受眾數據，採用一種較彈性的預算編列，精準行銷到目標受眾，並較有機會出現在最吸睛的置頂版面，和其他媒體平台比較，更能觸擊到不易接觸到的用戶。

　　在「LINE Ads Platform」投放的廣告會依照不同類型，分別導引用戶「到指定網頁」、「觀看影片」或「進行 App 下載」。以商品銷售廣告為例，它能將用戶與流量導入商家的網站或產品購買頁，進一步提升線上銷售的成績。

按下「瞭解詳情」可將原告廣告導向網站的產品介紹

　　另一種廣告類型會在點選後，導引至 App Store / Google Play 下載 App，它可以精準鎖定不同手機系統及版本用戶，能有效提升 App 下載次數。

按「下載」鈕會導引到 App 下載安裝的畫面

「觀看影片」的廣告類型允許用戶影片播放完畢時，導引至指定網頁或 App Store / Google Play 下載 App，可有效提升品牌及產品知名度。

影片播放完畢後，按下「瞭解詳情」會導引至廣告主指定的網頁，來提高產品品牌及提高銷售業績

在「LINE Ads Platform」的「成效型原生廣告」的計費方式有 CPC 和 CPM 為主，所謂 CPC（Cost Per Click, 點擊數收費）是一種按點擊數付費廣告的方式，不管廣告曝光量多少，沒人點擊就不用付錢，多數新手都會使用單次點擊出價。和傳統廣告相較之下，如果主要行銷目標是讓使用者進入您的網站，CPC 關鍵字廣告行銷手法不僅較為靈活，能夠第一時間精準的接觸目標潛在客戶群，容易吸引人潮進入網站，帶來網站流量，廣告預算還可隨時調整，適合大小不同的宣傳活動是指搜尋引擎的付費競價排名廣告推廣形式，就是按照點擊次數計費。

例如關鍵字廣告一般採用這種定價模式，不過這種方式比較容易作弊，經常導致廣告店家利益受損。而 CPM（Cost per Mille, 廣告千次曝光費用）是指廣告曝光一千次所要花費的費用，這種收費方式是以曝光量計費也，就是廣告曝光一千次所要花費的費用，就算沒有產生任何點擊，只要千次曝光就會計費，這種方式對商家的風險較大，不過最適合加深大眾印象，需要打響商家名稱的廣告客戶，並且可將廣告投放於興趣客戶。如果想要更進一步了解關於台北數位集團的 LINE Ads Platform 廣告方案與收費內容，可連上 LINE https://taipeiads.com/line-today.php

如果你想進一步認識 LINE Ads Platform 成效型廣告，在 LINE 官方的「展示型廣告解決方案」中的「LINE 成效型廣告（LAP）」網頁中提供了廣告方案洽詢、下載產品簡報、銷售夥伴列表、前往自學課程等說明網頁。

⏏https://tw.linebiz.com/service/display-solutions/line-ads-platform/

其中「自學課程」包括「LAP基本操作」的入門課程及「LAP轉換與再行銷（LINE
Tag）」的進階課程約2小時的課程，各位可以進入下圖網頁觀看：

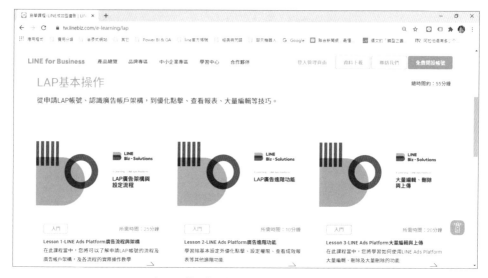

⚲https://tw.linebiz.com/e-learning/lap

8-4-3　LINE 保證型廣告

LINE除了提供成效型廣告（LAP）方案外，其實還有一種「LINE保證型廣告」，
這種解決方案，它可以事先預訂廣告行銷的檔期，並指定受眾類型、精選橫跨LINE
TODAY、聊天列表廣告位置，再輔以大量曝光來觸及到每一位潛在用戶，對商家品
牌及產品知名度都可以快速累積。如果想了解「LINE 保證型廣告」的優勢、產品門
檻價格表及認識廣告產品版位，請參考官方網站。

◖https://tw.linebiz.com/service/display-solutions/line-guaranteed-ads/

8-4-4　LINE TV

　　在網路與行動裝置的加持下，社群上分享的影音內容也逐漸成為普羅大眾吸收資訊的主流來源，尤其年輕世代對於行動裝置有更高的認同感，以智慧型手機收看影音內容的族群大幅成長，台灣目前已有許多線上影音串流平台或影劇 App，影音平台因此成為許多人喜歡下載的 APP 之一。

　　影音內容的生態鏈中，內容與平台具有相輔相成的關係，2015 年 4 月 LINE 為了滿足高度倚賴社群互動的行動世代的需求，LINE 非常努力在拓展整體網路市場，因此整合了台灣 LINE 社群平台用戶及其他 LINE 的優勢，只要登入你的 LINE 帳號，即可馬上滿足全方位的行動影音瀏覽需求。

⋂各位可直接在 App store 和 Google Play 免費下載

　　根據國內多份研究報告指出，台灣人每天平均約花三個小時以上在行動上網，而且多數是在收看影音內容，LINE TV 可以讓觀眾免費在電腦、平板、手機上收看豐富多元的影音內容，在跨螢幕世代，智慧型手機已經成為用戶的「第一螢幕」，目前已經在 iOS、Android 及 PC 版上線了。行動影音不受時間、空間限制的特質，LINE TV 是一個提供正版、高畫質的優質影音平台，除了多元影音內容的絕佳行動瀏覽體驗外，並且加入了許多即時互動的功能，因此「LINE TV」影音串流平台漸漸成為許多人追刻劇娛樂的重要管道來源之一。

　　LINE TV 影音廣告格式會於每段影片片頭投放廣告主的品牌影音廣告，透過點擊廣告影片會導引至客戶的專屬網頁，LINE TV 可以在電腦及行動裝置跨平台（iOS、Android）播放，由於會根據不同類型的影片頻道去投放片頭廣告，能更加精準鎖定客戶的族群屬性。

在影片播放結束後，點擊「瞭解更多」會引導客戶到專屬網頁

目前「LINE TV」影音廣告有兩種類型：一種是「可略過廣告」，在 60 秒內以 CPM 計價；另外一種則是「不可略過廣告」，用戶必須觀看完影音廣告之後才可以繼續觀看影片，它的計價方式是 30 秒內以 CPM 計價。

點擊可以直接瀏覽廣告商網站

「可略過廣告」的廣告方式不像「不可略過廣告」強制看完廣告影片，可以按「略過廣告」來繼續觀看影片

此處可看出目前播放是第幾支廣告，廣告還剩餘多少時間

MEMO

A ppendix

老鳥鐵了心都要懂得
最夯數位行銷術語

A

每個行業都有該領域的專業術語，數位行銷業也不例外，面對一個已經成熟的數位行銷環境，通常不是經常在電子商務領域工作的從業人員，對這些術語可能就沒這麼熟悉了，以下我們特別整理出這個領域中常見的專業術語：

- Active User（活躍使用者）：在 Google Analytics「活躍使用者」報表可以讓分析者追蹤 1 天、7 天、14 天或 28 天內有多少使用者到您的網站拜訪，進而掌握使用者在指定的日期內對您網站或應用程式的熱衷程度。

- Ad Exchange（廣告交易平台）：類似一種股票交易平臺的概念運作，讓廣告賣方和聯繫在一起，在此進行媒合與競價。

- Advertising（廣告主）：出錢買廣告的一方，例如最常見的電商店家。

- Agency（代理商）：有些廣告對於廣告投放沒有任何經驗，通常會選擇直接請廣告代理商來幫忙規劃與操作。

- Affiliate Marketing（聯盟行銷）：在歐美是已經廣泛被運用的廣告行銷模式，是一種讓網友與商家形成聯盟關係的新興數位行銷模式，廠商與聯盟會員利用聯盟行銷平台建立合作夥伴關係，讓沒有產品的推廣者也能輕鬆幫忙銷售商品。

- App Store：是蘋果公司針對使用 iOS 作業系統的系列產品，讓用戶可透過手機或上網購買或免費試用裡面 App。

- Apple Pay：是 Apple 的一種手機信用卡付款方式，只要使用該公司推出的 iPhone 或 Apple Watch（iOS 9 以上）相容的行動裝置，並將自己卡號輸入 iPhone 中的 Wallet App，經過驗證手續完畢後，就可以使用 Apple Pay 來購物，還比傳統信用卡來得安全。

- Application（App）：就是軟體開發商針對智慧型手機及平版電腦所開發的一種應用程式，APP 涵蓋的功能包括了圍繞於日常生活的的各項需求。

- Application Service Provider，ASP（應用軟體租賃服務業）：業只要可以透過網際網路或專線，以租賃的方式向提供軟體服務的供應商承租，定期僅需固定支付租金，即可迅速導入所需之軟體系統，並享有更新升級的服務。

- Artificial Intelligence, AI（人工智慧）：人工智慧的概念最早是由美國科學家 John McCarthy 於 1955 年提出，目標為使電腦具有類似人類學習解決複雜問題與展現思考等能力，也就是由電腦所模擬或執行，具有類似人類智慧或思考的行為，例如推理、規畫、問題解決及學習等能力。

- Asynchronous JavaScript and XML ,AJAX：是一種新式動態網頁技術，結合了 Java 技術、XML 以及 JavaScript 技術，類似 DHTML。可提高網頁開啓的速度、互動性與可用性，並達到令人驚喜的網頁特效。

- Augmented Reality, AR（擴增實境）：就是一種將虛擬影像與現實空間互動的技術，透過攝影機影像的位置及角度計算，在螢幕上讓真實環境中加入虛擬畫面，強調的不是要取代現實空間，而是在現實空間中添加一個虛擬物件，並且能夠即時產生互動，各位應該看過電影鋼鐵人在與敵人戰鬥時，頭盔裡會自動跑出敵人路徑與預估火力，就是一種 AR 技術的應用。

- Average Order Value, AOV（平均訂單價值）：所有訂單帶來收益的平均金額，AOV 越高當然越好。

- Avg. Session Duration（平均工作階段時間長度）：「平均工作階段時間長度」是指所有工作階段的總時間長度（秒）除以工作階段總數所求得的數值。網站訪客平均單次訪問停留時間，這個時間當然是越長越好。

- Avg. Time on Page（平均網頁停留時間）：是用來顯示訪客在網站特定網頁上的平均停留時間。

- Backlink（反向連結）：「反向連結」（Backlink）就是從其他網站連到你的網站的連結，如果你的網站擁有優質的反向連結（例如：新聞媒體、學校、大企業、政府網站），代表你的網站越多人推薦，當反向連結的網站越多、就越被搜尋引擎所重視。

- Bandwidth（頻寬）：是指固定時間內網路所能傳輸的資料量，通常在數位訊號中是以 bps 表示，即每秒可傳輸的位元數（bits per second）。

- Banner Ad（橫幅廣告）：最常見的收費廣告，自 1994 年推出以來就廣獲採用至今，在所有與品牌推廣有關的網路行銷手段中，橫幅廣告的作用最為直接，主要利用在網頁上的固定位置，至於橫幅廣告活動要能成功，全賴廣告素材的品質。

- Beacon：是種藉由低功耗藍牙技術（Bluetooth Low Energy, BLE），藉由室內定位技術應用，可做為物聯網和大數據平台的小型串接裝置，具有主動推播行銷應用特性，比 GPS 有更精準的微定位功能，是連結店家與消費者的重要環節，只要手機安裝特定 App，透過藍芽接收到代碼便可觸發 App 做出對應動作，可以包括在室內導航、行動支付、百貨導覽、人流分析，及物品追蹤等近接感知應用。

- Big data（大數據）：由 IBM 於 2010 年提出，大數據不僅僅是指更多資料而已，主要是指在一定時效（Velocity）內進行大量（Volume）且多元性（Variety）資

料的取得、分析、處理、保存等動作，主要特性包含三種層面：大量性（Volume）、速度性（Velocity）及多樣性（Variety）。

- Bots Traffic（機器人流量）：非人為產生的作假流量，就是機器流量的俗稱。

- Bounce Rate（跳出率、彈出率）：是指單頁造訪率，也就是訪客進入網站後在固定時間內（通常是30分鐘）只瀏覽了一個網頁就離開網站的次數百分比，這個比例數字越低越好，愈低表示你的內容抓住網友的興趣跳出率太高多半是網站設計不良所造成。

- Breadcrumb Trail（麵包屑導覽列）：也稱為導覽路徑，是一種基本的橫向文字連結組合，透過層級連結來帶領訪客更進一步瀏覽網站的方式，對於提高用戶體驗來說，是相當有幫助。

- Business to Business,B2B（企業對企業間）：指的是企業與企業間或企業內透過網際網路所進行的一切商業活動。例如上下游企業的資訊整合、產品交易、貨物配送、線上交易、庫存管理等。

- Business to Customer,B2C（企業對消費者間）：是指企業直接和消費者間的交易行為，一般以網路零售業為主，將傳統由實體店面所銷售的實體商品，改以透過網際網路直接面對消費者進行實體商品或虛擬商品的交易活動，大大提高了交易效率，節省了各類不必要的開支。

- Button Ad（按鈕式廣告）：是一種小面積的廣告形式，因為收費較低，較符合無法花費大筆預算的廣告主，例如Call-to-Action, CAT（行動號召）鈕就是一個按鈕式廣告模式，就是希望召喚消費者去採取某些有助消費的活動。

- Buzz Marketing（話題行銷）：或稱蜂鳴行銷和口碑行銷類似，企業或品牌利用最少的方法主動進行宣傳，在討論區引爆話題，造成人與人之間的口耳相傳，如蜜蜂在耳邊嗡嗡作響的buzz，然後再吸引媒體與銷非者熱烈討論。

- Call-to-Action, CAT （行動號召）：希望訪客去達到某些目的的行動，就是希望召喚消費者去採取某些有助消費的活動，例如故意將訪客引導至網站策劃的「到達頁面」（Landing Page），會有特別的CAT，讓訪客參與店家企畫的活動。

- Cascading Style Sheets, CSS（串聯式樣式表）：一般稱之為串聯式樣式表，其作用主要是為了加強網頁上的排版效果（圖層也是CSS的應用之一），可以用來定義HTML網頁上物件的大小、顏色、位置與間距，甚至是為文字、圖片加上陰影等等功能。

- Channel Grouping（管道分組）：因為每一個流量的來源特性不一致，而且網路流量的來源可能非常多種管道，為了有效管理及分析各個流量的成效，就有必要將流量根據它的性質來加以分類，這就是所謂的管道分組（Channel Grouping）。

- Churn Rate（流失率）：代表你的網站中一次性消費的顧客，佔所有顧客裡面的比率，這個比率當然是越低越好。

- Click（點擊數）：是指網路用戶使用滑鼠點擊某個廣告的次數，每點選一次即稱為 one click。

- Click Through Rate, CTR（點閱率）：或稱為點擊率，是指在廣告曝光的期間內有多少人看到廣告後決定按下的人數百分比，也就是是指廣告獲得的點擊次數除以曝光次數的點閱百分比，可作為一種衡量網頁熱門程度的指標。

- Cloud Computing（雲端運算）：已經被視為下一波電子商務與網路科技結合的重要商機，雲端運算時代來臨將大幅加速電子商務市場發展，「雲端」其實就是泛指「網路」，來表達無窮無際的網路資源，代表了龐大的運算能力。

- Computer Version, CV（電腦視覺）：CV 是一種研究如何使機器「看」的系統，讓機器具備與人類相同的視覺，以做為產品差異化與大幅提升系統智慧的手段。

- Content Marketing（內容行銷）：滿足客戶對資訊的需求，與多數傳統廣告相反，是一門與顧客溝通但不做任何銷售的藝術，就在於如何設定內容策略，可以既不直接宣傳產品，不但能達到吸引目標讀者，又能夠圍繞在產品周圍，並且讓消費者喜歡，最後驅使消費者採取購買行動的行銷技巧，形式可以包括文章、圖片、影片、網站、型錄、電子郵件等。

- Conversion Rate Optimization , CRO（轉換優化）：則是藉由讓網站內容優化來提高轉換率，達到以最低的成本得到最高的投資報酬率。轉換優化是數位行銷當中至關重要的環節，涉及了解使用者如何在您的網站上移動與瀏覽細節，電商品牌透過優化每一個階段的轉換率，讓顧客對瀏覽的體驗過程更加滿意，提升消費者購買的意願，一步步地把訪客轉換為顧客。

- Cookie（餅乾）：小型文字檔，網站經營者可以利用 Cookies 來瞭解到使用者的造訪記錄，例如造訪次數、瀏覽過的網頁、購買過哪些商品等。

- Cost of Acquiring, CAC（客戶購置成本）：所有說服顧客到你的網店購買之前所有投入的花費。

- Crowdfunding（群眾集資）：群眾集資就是過群眾的力量來募得資金，使 C2C 模式由生產銷售模式，延伸至資金募集模式，以群眾的力量共築夢想，來支持個人或組織的特定目標。近年來群眾募資在各地掀起浪潮，募資者善用網際網路吸引世界各地的大眾出錢，用小額贊助來尋求贊助各類創作與計畫。

- Customization（客制化）：是廠商依據不同顧客的特性而提供量身訂製的產品與不同的服務，消費者可在任何時間和地點，透過網際網路進入購物網站買到各種式樣的個人化商品。

- Conversion Rate, CR（轉換 ）：網路流量轉換成實際訂單的比率，訂單成交次數除以同個時間範圍內帶來訂單的廣告點擊總數，就是從網路廣告過來的訪問者中最終成交客戶的比率。

- Cross-Border Ecommerce（跨境電商）：是全新的一種國際電子商務貿易型態，也就是消費者和賣家在不同的關境（實施同一海關法規和關稅制度境域）交易主體，透過電子商務平台完成交易、支付結算與國際物流送貨、完成交易的一種國際商業活動，讓消費者滑手機，就能直接購買全世界任何角落的商品。

- Cross-selling（交叉銷售）：當顧客進行消費的時候，發現顧客可能有多種需求時，說服顧客增加花費而同時售賣出多種相關的服務及產品。

- Conversion Rate（轉換率）就是網路流量轉換成實際訂單的比率，訂單成交次數除以同個時間範圍內帶來訂單的廣告點擊總數。

- Cost per Action CPA（回應數收費）：廣告店家付出的行銷成本是以實際行動效果來計算付費，例如註冊會員、下載 APP、填寫問卷等。畢竟廣告對店家而言，最實際的就是廣告期間帶來的訂單數，可以有效降低廣告店家的廣告投放風險。

- Cost Per Click, CPC（點擊數收費）：一種按點擊數付費廣方式，是指搜尋引擎的付費競價排名廣告推廣形式，就是按照點擊次數計費，不管廣告曝光量多少，沒人點擊就不用付錢。例如關鍵字廣告一般採用這種定價模式，不過這種方式比較容易作弊，經常導致廣告店家利益受損。

- Cost per Impression, CPI（播放數收費）：傳統媒體多採用這種計價方式，是以廣告總共播放幾次來收取費用，通常對廣告店家較不利，不過由於手機播放較容易吸引用戶的注意，仍然有些行動廣告是使用這種方式。

- Cost per Mille, CPM（廣 告 千 次 曝 光 費 用 ）： 全 文 應 該 是 Cost per Mille Impression，指廣告曝光一千次所要花費的費用，就算沒有產生任何點擊，要千次曝光就會計費，通常多在數百元之間。

- Cost per Sales, CPS（實際銷售筆數付費）：近年日趨流行的計價收方式，按照廣告點擊後產生的實際銷售筆數付費，也就是點擊進入廣告不用收費，算是一種 CPA 的變種廣告方式，目前相當受到許多電子商務網站歡迎，例如各大網路商城廣告。

- Cost Per Lead, CPL（每筆名單成本）：以收集潛在客戶名單的數量來收費，也算是一種 CPC 的變種方式，例如根據聯盟行銷的會員數推廣效果來付費。

- Cost Per Response, CPR（訪客留言付費）：根據每位訪客留言回應的數量來付費，這種以訪客的每一個回應計費方式是屬於輔助銷售的廣告模式。

- Coverage Rate（覆蓋率）：一個用來記錄廣告實際與希望觸及到了多少人的百分比。

- Creative Commons, CC（創用 CC）：是源自著名法律學者美國史丹佛大學 Lawrence Lessig 教授於 2001 年在美國成立 Creative Commons 非營利性組織，目的在提供一套簡單、彈性的「保留部分權利」Some Rights Reserved）著作權授權機制。

- Customer's Lifetime value, CLV（顧客終身價值）：是指每一位顧客未來可能為企業帶來的所有利潤預估值，也就是透過購買行為，企業會從一個顧客身上獲得多少營收。

- Customer Relationship Management, CRM（顧客關係管理）：顧客關係管理（CRM）是由 Brian Spengler 在 l999 年提出，最早開始發展顧客關係管理的國家是美國。CRM 的定義是指企業運用完整的資源，以客戶為中心的目標，讓企業具備更完善的客戶交流能力，透過所有管道與顧客互動，並提供適當的服務給顧客。

- Customer-to-Busines, C2B（消費者對企業型電子商務）：是一種將消費者帶往供應者端，並產生消費行為的電子商務新類型，也就是主導權由廠商手上轉移到了消費者手中。

- Customer-to-Customer, C2C（客戶對客戶型的電子商務）：就是個人使用者透過網路供應商所提供的電子商務平臺與其他消費者者進行直接交易的商業行為，消費者可以利用此網站平臺販賣或購買其他消費者的商品。

- Cybersquatter（網路蟑螂）：近年來網路出現了出現了一群搶先一步登記知名企業網域名稱的「網路蟑螂」（Cybersquatter），讓網域名稱爭議與搶註糾紛日益增加，不願妥協的企業公司就無法取回與自己企業相關的網域名稱。

- Database Marketing（資料庫行銷）：是利用資料庫技術動態的維護顧客名單，並加以尋找出顧客行為模式特和潛在需求，也就是回到行銷最基本的核心 - 分析消費者行為，針對每個不同喜好的客戶給予不同的行銷文宣以達到企業對目標客戶的需求供應。

- Data Highlighter（資料螢光筆）：是一種 Google 網站管理員工具，讓您以點選方式進行操作，只需透過滑鼠就可以讓資料螢光筆標記網站上的重要資料欄位（如標題、描述、文章、活動等）。

- Data Mining（資料探勘）：則是一種資料分析技術，可視為資 庫中知 發掘的一種工具，可以從一個大型資料庫所儲存的資料中萃取出有價值的知識，廣泛應用於各行各業中，現代商業及科學領域都有許多相關的應用。

- Data Warehouse（資料倉儲）：於 1990 年由資料倉儲 Bill Inmon 首次提出，是以分析與查詢為目的所建置的系統，目的是希望整合企業的内部資料，並綜合各種外部資料，經由適當的安排來建立一個資料儲存庫。

- Data Manage Platform, DMP（數據管理平台）：主要應用於廣告領域，是指將分散的大數據進行整理優化，確實拼湊出顧客的樣貌，進而再使用來投放精準的受眾廣告，在數位行銷領域扮演重要的角色。

- Data Science（資料科學）：就是為企業組織解析大數據當中所蘊含的規律，就是研究從大量的結構性與非結構性資料中，透過資料科學分析其行為模式與關鍵影響因素，也就是在模擬決策模型，進而發掘隱藏在大數據資料背後的商機。

- Deep Learning, DL（深度學習）：算是 AI 的一個分支，也可以看成是具有層次性的機器學習法，源自於類神經網路（Artificial Neural Network）模型，並且結合了神經網路架構與大量的運算資源，目的在於讓機器建立與模擬人腦進行學習的神經網路，以解釋大數據中圖像、聲音和文字等多元資料。

- Demand Side Platform, DSP（需求方服務平台）：可以讓廣告主在平台上操作跨媒體的自動化廣告投放，像是設置廣告的目標受眾、投放的裝置或通路、競價方式、出價金額等等。

- Differentiated Marketing（差異化行銷）：現代企業為了提高行銷的附加價值，開始對每個顧客量身打造產品與服務，塑造個人化服務經驗與採用差異化行銷（Differentiated Marketing），蒐集並分析顧客的購買產品與習性，並針對不同顧客需求提供產品與服務，為顧客提供量身訂做式的服務。

- Digital Marketing（數位行銷）：或稱為網路行銷（Internet Marketing），是一種雙向的溝通模式，能幫助無數電商網站創造訂單創造收入，本質其實和傳統行銷一樣，最終目的都是為了影響目標消費者（Target Audience），主要差別在於行銷溝通工具不同，現在則可透過網路通訊的數位性整合，使文字、聲音、影像與圖片可以結合在一起，讓行銷的標的變得更為生動與即時。

- Dimension（維度）：Google Analytics 報表中所有的可觀察項目都稱為「維度（Dimension）」，例如訪客的特徵：這位訪客是來自哪一個國家 / 地區，或是這位訪客是使用哪一種語言。

- Direct Traffic（直接流量）：指訪問者直接輸入網址 產生的流量，例如透過別人的電子郵件，然後透過信件中的連結到你的網站。

- Down-sell（降價銷售）：當顧客對於銷售產品或服務都沒有興趣時，唯一一個銷售策略就是降價銷售。

- E-commerce ecosystem（電子商務生態系統）：則是指以電子商務為主體結合商業生態系統概念。

- E-Distribution（電子配銷商）：是最普遍也最容 解的網 市集，將 千家供應商的產品整合到單一線上電子型 ，一個銷售者服務多家企業，主要優點是銷售者可以為大量的客戶提供更好的服務，將 千家供應商的產品整合到單一電子型 上。

- E-Learning （數位學習）：是指在網際網路上建立一個方便的學習環境，在線上存取流通的數位教材，進行訓練與學習，讓使用者連上網路就可以學習到所需的知識，且與其他學習者互相溝通，不受空間與時間限制，也是知識經濟時代提升人力資源價值的新利器，可以讓學習者學習更方便、自主化的安排學習課程。

- Electronic Commerce, EC（電子商務）就是一種在網際網路上所進行的交易行為，等與「電子」加上「商務」，主要是將供應商、經銷商與零售商結合在一起，透過網際網路提供訂單、貨物及帳務的流動與管理。

- Electronic Funds Transfer, EFT（電子資金移轉或稱為電子轉帳）：使用電腦及網路設備，通知或授權金融機構處理資金往來帳戶的移轉或調撥行為。例如在電子商務的模式中，金融機構間之電子資金移轉（EFT）作業就是一種 B2B 模式。

- Electronic Wallet（電子錢包）：是一種符合安全電子交易的電腦軟體，就是你在網路上購買東西時，可直接用電子錢包付錢，而不會看到個人資料，將可有效解決網路購物的安全問題。

- Email Direct Marketing（電子報行銷）：依舊是企業經營老客戶的主要方式，多半是由使用者訂閱，再經由信件或網頁的方式來呈現行銷訴求。由於電子報費用相對低廉，加上可以追蹤，這種作法將會大大的節省行銷時間及提高成交率。

- Email Marketing（電子郵件行銷）：含有商品資訊的廣告內容，以電子郵件的方式寄給不特定的使用者，除擁有成本低廉的優點外，更大的好處其實是能夠發揮「病毒式行銷」（Viral Marketing）的威力，創造互動分享（口碑）的價值。

- E-Market Place（電子交易市集）：在全球電子商務發展中所扮演的角色日趨重要，改變了傳統商場的交易模式，透過網路與資訊科技輔助所形成的虛擬市集，本身是一個網路的交易平台，具有能匯集買主與供應商的功能，其實就是一個市場，各種買賣都在這裡進行。

- Engaged time（互動時間）：了解網站內容和瀏覽者的互動關係，最理想的方式是紀錄他們實際上在網站互動與閱讀內容的時間。

- Enterprise Information Portal ,EIP（企業資訊入口網站）：是指在 Internet 的環境下，將企業內部各種資源與應用系統，整合到企業資訊的單一入口中。EIP 也是未來行動商務的一大利器，以企業內部的員工為對象，只要能夠無線上網，為顧客提供服務時，一旦臨時需要資料，都可以馬上查詢，讓員工幫你聰明地賺錢，還能更多元化的服務員工。

- E-Procurement（電子採購商）：是擁有的許多線上供應商的獨 第三方仲介，因為它們會同時包含競爭供應商和競爭電子配銷商的型 ，主要優點是可以透過賣方的競標，達到降低價格的目的，有利於買方來控制價格。

- E-Tailer（線上零售商）是銷售產品與服務給個別消費者，而賺取銷售的收入，使製造商更容易地直接銷售產品給消費者，而除去中間商的部份。

- Exit Page（離開網頁）：離開網頁是指於使用者工作階段中最後一個瀏覽的網頁。是指使用者瀏覽網站的過程中，訪客離開網站的最終網頁的機率。也就是說，離開率是計算網站多個網頁中的每一個網頁是訪客離開這個網站的最後一個網頁的比率。

- Exit Rate（離站率）：訪客在網站上所有的瀏覽過程中，進入某網頁後離開網站的次數，除以所有進入包含此頁面的總次數。

- Expert System, ES（專家系統）：是一種將專家（如醫生、會計師、工程師、證券分析師）的經驗與知識建構於電腦上，以類似專家解決問題的方式透過電腦推論

某一特定問題的建議或解答。例如環境評估系統、醫學診斷系統、地震預測系統等都是大家耳熟能詳的專業系統。

- eXtensible Markup Language, XML（可延伸標記語言）：中文譯為「可延伸標記語言」，可以定義每種商業文件的格式，並且能在不同的應用程式中都能使用，由全球資訊網路標準制定組織 W3C，根據 SGML 衍生發展而來，是一種專門應用於電子化出版平台的標準文件格式。

- Extranet（商際網路）：是為企業上、下游各相關策略聯盟企業間整合所構成的網路，需要使用防火牆管理，通常 Extranet 是屬於 Intranet 的子網路，可將使用者延伸到公司外部，以便客戶、供應商、經銷商以及其它公司，可以存取企業網路的資源。

- Fifth-Generation（5G）：是行動電話系統第五代，也是 4G 之後的延伸，5G 技術是整合多項無線網路技術而來，包括幾乎所有以前幾代行動通訊的先進功能，對一般用戶而言，最直接的感覺是 5G 比 4G 又更快、更不耗電，預計未來將可實現 10Gbps 以上的傳輸速率。這樣的傳輸速度下可以在短短 6 秒中，下載 15GB 完整長度的高畫質電影。

- File Transfer Protocol, FTP（檔案傳輸協定）：透過此協定，不同電腦系統，也能在網際網路上相互傳輸檔案。檔案傳輸分為兩種模式：下載（Download）和上傳（Upload）。

- Financial Electronic Data Interchange, FEDI（金融電子資料交換）是一種透過電子資料交換方式進行企業金融服務的作業介面，就是將 EDI 運用在金融領域，可作為電子轉帳的建置及作業環境。

- Filter（過濾）：是指捨棄掉報表上不需要或不重要的數據。

- Followers（追蹤訂閱）：增加訂閱人數，主動將網站新資訊傳送給他們，是提高品牌忠誠度與否的一大指標。

- Fourth-generation（4G）：行動電話系統的第四代，是 3G 之後的延伸，為新一代行動上網技術的泛稱，傳輸速度理論值約比 3.5G 快 10 倍以上，能夠達成更多樣化與私人化的網路應用。LTE（Long Term Evolution, 長期演進技術）是全球電信業者發展 4G 的標準。

- Fragmentation Era（碎片化時代）：代表現代人的生活被很多碎片化的內容所切割，因此想要抓住受眾的眼球越來越難，同樣的品牌接觸消費者的地點也越來越

x

不固定,接觸消費者的時間越來越短暫,碎片時間搖身一變成為贏得消費者的黃金時間。

- Fraud(作弊):特別是指流量作弊。

- Gamification Marketing(遊戲化行銷):是指將遊戲中有好玩的元素與機制,透過行銷活動讓受眾「玩遊戲」,同時深化參與感,將你的目標客戶緊緊黏住,因此成了各個品牌不斷探索的新行銷模式。

- Google AdWords(關鍵字廣告):是一種 Google 推出的關鍵字行銷廣告,包辦所有 google 的廣告投放服務,例如您可以根據目標決定出價策略,選擇正確的廣告出價類型,例如是否要著重在獲得點擊、曝光或轉換。Google Adwords 的運作模式就好像世界級拍賣會,瞄準你想要購買的關鍵字,出一個你覺得適合的價格,如果你的價格比別人高,你就有機會取得該關鍵字,並在該關鍵字曝光你的廣告。

- Google Analytics, GA:Google 所提供的 Google Analytics(GA)就是一套免費且功能強大的跨平台網路行銷流量分析工具,能提供最新的數據分析資料,包括網站流量、訪客來源、行銷活動成效、頁面拜訪次數、訪客回訪等,幫助客戶有效追蹤網站數據和訪客行為,稱得上是全方位監控網站與 APP 完整功能的必備網站分析工具。

- Google Analytics Tracking Code(Google Analytics 追蹤碼):這組追蹤碼會追蹤到訪客在每一頁上所進行的行為,並將資料送到 Google Analytics 資料庫,再透過各種演算法的運算與整理,再將這些資料以儲存起來,並在 Google Analytics 以各種類型的報表呈現。

- Google Data Studio:是一套免費的資料視覺化製作報表的工具,它可以串接多種 Google 的資料,再將所取得的資料結合該工具的多樣圖表、版面配置、樣式設定…等功能,讓報表以更為精美的外觀呈現。

- Google Play:Google 也推出針對 Android 系統所提供的一個線上應用程式服務平台 -Google Play,透過 Google Play 網頁可以尋找、購買、瀏覽、下載及評比使用手機免費或付費的 app 和遊戲,Google Play 為一開放性平台,任何人都可上傳其所發發的應用程式。

- Graphics Processing Unit,GPU(圖形處理器)可說是近年來科學計算領域的最大變革,是指以圖形處理單元(GPU)搭配 CPU,GPU 則含有數千個小型且更高

效率的 CPU，不但能有效處理平行運算（Parallel Computing），還可以大幅增加運算效能。

- Global Positioning System, GPS（全球定位系統）是透過衛星與地面接收器，達到傳遞方位訊息、計算路程、語音導航與電子地圖等功能，目前有許多汽車與手機都安裝有 GPS 定位器作為定位與路況查詢之用。

- Hadoop：源自 Apache 軟體基金會（Apache Software Foundation）底下的開放原始碼計劃（Open source project），為了因應雲端運算與大數據發展所開發出來的技術，使用 Java 撰寫並免費開放原始碼，用來儲存、處理、分析大數據的技術，兼具低成本、靈活擴展性、程式部署快速和容錯能力等特點。

- Hashtag（主題標籤）：只要在字句前加上 #，便形成一個標籤，用以搜尋主題，是目前社群網路上相當流行的行銷工具，不但已經成為成為品牌行銷重要一環，可以利用時下熱門的關鍵字，並以 Hashtag 方式提高曝光率。

- Heat map（熱度圖、熱感地圖）：在一個圖上標記哪項廣告經常被點選，是獲得更多關注的部分，可瞭解使用者有興趣的瀏覽區塊。

- High Performance Computing, HPC（高效能運算）能力則是透過應用程式平行化機制，就是在短時間內完成複雜、大量運算工作，專門用來解決耗用大量運算資源的問題。

- Horizontal Market（水平式電子交易市集）：水平式電子交易市集的產品是跨產業領域，可以滿足不同產業的客戶需求。此類網交易商品，都是一些具標準化流程與服務性商品，同時也比較不需要個別產業專業知識與銷售與服務，可以經由電子交易市集可進行統一採購，讓所有企業對非專業的共同業務進行採買或交易。

- Host Card Emulation, HCE（主機卡模擬）：Google 於 2013 年底所推出的行動支付方案，可以透過 APP. 或是雲端服務來模擬 SIM 卡的安全元件。HCE（Host Card Emulation）的加入已經悄悄點燃了行動支付大戰，僅需 Android 5.0（含）版本以上且內建 NFC 功能的手機，申請完成後卡片資訊（信用卡卡號）將會儲存於雲端支付平台，交易時由手機發出一組虛擬卡號與加密金鑰來驗證，驗證通過後才能完成感應交易，能避免刷卡時卡片資料外洩的風險。

- Hotspot（熱點）：是指在公共場所提供無線區域網路（WLAN）服務的連結地點，讓大眾可以使用筆記型電腦或 PDA，透過熱點的「無線網路橋接器」（AP）連結上網際網路，無線上網的熱點愈多，無線上網的涵蓋區域便愈廣。

- Hunger Marketing（飢餓行銷）：是以「賣完為止、僅限預購」來創造行銷話題，製造產品一上市就買不到的現象，促進消費者購買該產品的動力，讓消費者覺得數量有限而不買可惜。

- Hypertext Markup Language, HTML：標記語言是一種純文字型態的檔案，以一種標記的方式來告知瀏覽器將以何種方式來將文字、圖像等多媒體資料呈現於網頁之中。通常要撰寫網頁的 HTML 語法時，只要使用 Windows 預設的記事本就可以了。

- Impression, IMP（曝光數）：經由廣告到網友所瀏覽的網頁上一次即為曝光數一次。

- Intellectual Property Rights, IPR（智慧財產權）劃分為著作權、專利權、商標權等三個範疇進行保護規範，這三種領域保護的智慧財產權並不相同，在制度的設計上也有所差異，例如發明專利、文學和藝術作品、表演、錄音、廣播、標誌、圖像、產業模式、商業設計等等。

- Internet（網際網路）：最簡單的說法就是一種連接各種電腦網路的網路，以 TCP/IP 為它的網路標準，也就是說只要透過 TCP/IP 協定，就能享受 Internet 上所有一致性的服務。網際網路上並沒有中央管理單位的存在，而是數不清的個人網路或組織網路，這網路聚合體中的每一成員自行營運與付擔費用。

- Internet Bank（網路銀行）：係指客戶透過網際網路與銀行電腦連線，無須受限於銀行營業時間、營業地點之限制，隨時隨地從事資金調度與理財規劃，並可充分享有隱密性與便利性，即可直接取得銀行所提供之各項金融服務，現代家庭中有許多五花八門的帳單，都可以透過電腦來進行網路轉帳與付費。

- Internet Celebrity Marketing（網紅行銷）：並非是一種全新的行銷模式，就像過去品牌找名人代言，主要是透過與藝人結合，提升本身品牌價值，相對於企業砸重金請明星代言，網紅的推薦甚至可以讓廠商業績翻倍，素人網紅似乎在目前的行動平台更具說服力，逐漸地取代過去以明星代言的行銷模式。

- Internet Content Provider, ICP（線上內容提供者）：是向消費者提供網際網路資訊服務和增值業務，主要提供有智慧財產權的數位內容產品與娛樂，包括期刊、雜誌、新聞、CD、影帶、線上遊戲等。

- Internet of Things, IOT（物聯網）：是近年資訊產業中一個非常熱門的議題，被認為是網際網路興起後足以改變世界的第三次資訊新浪潮，它的特性是將各種具裝置感測設備的物品，例如 RFID、環境感測器、全球定位系統（GPS）雷射掃描器等裝置與網際網路結合起來而形成的一個巨大網路系統，並透過網路技術讓各種

實體物件、自動化裝置彼此溝通和交換資訊，也就是透過網路把所有東西都連結在一起。

- Internet Marketing（網路行銷）：藉由行銷人員將創意、商品及服務等構想，利用通訊科技、廣告促銷、公關及活動方式在網路上執行。

- Intranet（企業內部網路）：則是指企業體內的 Internet，將 Internet 的產品與觀念應用到企業組織，透過 TCP/IP 協定來串連企業內外部的網路，以 Web 瀏覽器作為統一的使用者界面，更以 Web 伺服器來提供統一服務窗口。

- JavaScript：是一種直譯式（Interpret）的描述語言，是在客戶端（瀏覽器）解譯程式碼，內嵌在 HTML 語法中，當瀏覽器解析 HTML 文件時就會直譯 JavaScript 語法並執行，JavaScript 不只能讓我們隨心所欲控制網頁的介面，也能夠與其他技術搭配做更多的應用。

- jQuery：是一套開放原始碼的 JavaScript 函式庫（Library），可以說是目前最受歡迎的 JS 函式庫，不但簡化了 HTML 與 JavaScript 之間與 DOM 文件的操作，讓我們輕鬆選取物件，並以簡潔的程式完成想做的事情，也可以透過 jQuery 指定 CSS 屬性值，達到想要的特效與動畫效果。

- Keyword（關鍵字）：就是與各位網站內容相關的重要名詞或片語，也就是在搜尋引擎上所搜尋的一組字，例如企業名稱、網址、商品名稱、專門技術、活動名稱等。

- Keyword Advertisements（關鍵字廣告）：是許多商家網路行銷的入門選擇之一，它的功用可以讓店家的行銷資訊在搜尋關鍵字時，會將店家所設定的廣告內容曝光在搜尋結果最顯著的位置，讓各位以最簡單直接的方式，接觸到搜尋該關鍵字的網友所而產生的商機。

- Landing Page（到達頁）：到達網頁是指使用者拜訪網站的第一個網頁，這一個網頁不一定是該網站的首頁，只要是網站內所有的網頁都可能是到達網頁。到達頁和首頁最大的不同，就是到達頁只有一個頁面就要完成讓訪客馬上吸睛的任務，通常這個頁面是以誘人的文案請求訪客完成購買或登記。

- Law of Diminishing Firms（公司遞減定律）：由於摩爾定律及梅特卡菲定律的影響之下，專業分工、外包、策略聯盟、虛擬組織將比傳統業界來的更經濟及更有績效，形成一價值網路（Value Network），而使得公司的規模有遞減的現象。

- Law of Disruption（擾亂定律）：結合了「摩爾定律」與「梅特卡夫定律」的第二級效應，主要是指出社會、商業體制與架構以漸進的方式演進，但是科技卻以幾

何級數發展，速度遠遠落後於科技變化速度，當這兩者之間的鴻溝愈來愈擴大，使原來的科技、商業、社會、法律間的平衡被擾亂，因此產生了所謂的失衡現象，就愈可能產生革命性的創新與改變。

- LINE Pay：主要以網路店家為主，將近 200 個品牌都可以支付，LINE Pay 支付的通路相當多元化，越來越多商家加入 LINE 購物平台，可讓您透過信用卡或現金儲值，信用卡只需註冊一次，同時支援線上與實體付款，而且 Line pay 累積點數非常快速，且許多通路都可以使用點數折抵。

- Location Based Service, LBS（定址服務）：或稱為「適地性服務」，就是行動行銷中相當成功的環境感知的種創新應用，就是指透過行動隨身設備的各式感知裝置，例如當消費者在到達某個商業區時，可以利用手機快速查詢所在位置周邊的商店、場所以及活動等即時資訊。

- Logistics（物流）：是電子商務模型的基本要素，定義是指產品從生產者移轉到經銷商、消費者的整個流通過程，透過有效管理程序，並結合包括倉儲、裝卸、包裝、運輸等相關活動。

- Long Tail Keyword（長尾關鍵字）：是網頁上相對不熱門，不過也可以帶來搜索流量，但接近主要關鍵字的關鍵字詞。

- Long Term Evolution, LTE（長期演進技術）：是以現有的 GSM ／ UMTS 的無線通信技術為主來發展，不但能與 GSM 服務供應商的網路相容，用戶在靜止狀態的傳輸速率達 1 Gbps，而在行動狀態也可以達到最快的理論傳輸速度 170Mbps 以上，是全球電信業者發展 4G 的標準。例如各位傳輸 1 個 95M 的影片檔，只要 3 秒鐘就完成。

- Machine Learning，ML（機器學習）：機器通過演算法來分析數據、在大數據中找到規則，機器學習是大數據發展的下一個進程，可以發掘多資料元變動因素之間的關聯性，進而自動學習並且做出預測，充分利用大數據和演算法來訓練機器。

- Marketing Mix（行銷組合）：可以看成是一種協助企業建立各市場系統化架構的元素，藉著這些元素來影響市場上的顧客動向。美國行銷學學者麥卡錫教授（Jerome McCarthy）在 20 世紀的 60 年代提出了著名的 4P 行銷組合，所謂行銷組合的 4P 理論是指行銷活動的四大單元，包括產品（Product）、價格（Price）、通路（Place）與促銷（Promotion）等四項。

- Market Segmentation（市場區隔）：是指任何企業都無法滿足所有市場的需求，應該著手建立產品的差異化，行銷人員根據市場的觀察進行判斷，在經過分析市場的機會後，接著便在該市場中選擇最有利可圖的區隔市場，並且集中企業資源與火力，強攻下該市場區隔的目標市場。

- Merchandise Turnover Rate（商品迴轉率）：指商品從入庫到售出時所經過的這一段時間和效率，也就是指固定金額的庫存商品在一定的時間內週轉的次數和天數，可以作為零售業的銷售效率或商品生產力的指標。

- Metcalfe's Law（梅特卡夫定律）：是一種網路技術發展規律，也就是使用者越多，其價值便大幅增加，對原來的使用者而言，反而產生的效用會越大。

- Metrics（指標）：觀察項目量化後的數據被稱為「指標（metrics）」，也就是是進一步觀察該訪客的相關細節，這是資料的量化評估方式。舉例來說，「語言」維度可連結「使用者」等指標，在報表中就可以觀察到特定語言所有使用者人數的總計值或比率。

- Micro Film（微電影）：又稱為「微型電影」，它是在一個較短時間且較低預算內，把故事情節或角色／場景，以視訊方式傳達其理念或品牌，適合在短暫的休閒時刻或移動的情況下觀賞。

- Mixed Reality（混合實境）：介於 AR 與 VR 之間的綜合模式，打破真實與虛擬的界線，同時擷取 VR 與 AR 的優點，透過頭戴式顯示器將現實與虛擬世界的各種物件進行更多的結合與互動，產生全新的視覺化環境，並且能夠提供比 AR 更為具體的真實感，未來很有可能會是視覺應用相關技術的主流。

- Mobile Advertising（行動廣告）：就是在行動平臺上做的廣告，與一般傳統與網路廣告的方式並不相同，擁有隨時隨地互動的特性與一般傳統廣告的方式並不相同。

- Mobile Marketing（行動行銷）：主要是指伴隨著手機和其他以無線通訊技術為基礎的行動終端的發展而逐漸成長起來的一種全新的行銷方式，不僅突破了傳統定點式網路行銷受到空間與時間的侷限，也就是透過行動通訊網路來進行的商業交易行為。

- Mobile Payment（行動支付）：就是指消費者通過手持式行動裝置對所消費的商品或服務進行賬務支付的一種方式，很多人以為行動支付就是用手機付款，其實手機只是一個媒介，平板電腦、智慧手錶，只要可以連網都可以拿來做為行動支付。

- Moore's law（摩爾定律）：表示電子計算相關設備不斷向前快速發展的定律，主要是指一個尺寸相同的 IC 晶片上，所容納的電晶體數量，因為製程技術的不斷提升與進步，每隔約十八個月會加倍，執行運算的速度也會加倍，但但製造成本卻不會改變。

- Multi-Channel（多通路）：是指企業採用兩條或以上完整的零售通路進行銷售活動，每條通路都能完成銷售的所有功能，例如同時採用直接銷售、電話購物或在 PChome 商店街上開店，也擁有自己的品牌官方網站，就是每條通路都能完成買賣的功能。

- Native Advertising（原生廣告）：一種讓大眾自然而然閱讀下去，不容易發現自己在閱讀廣告的廣告形式，讓訪客瀏覽體驗時的干擾降到最低，不僅傳達產品廣告訊息，也提升使用者的接受度。

- Near Field Communication, NFC（近場通訊）是由 PHILIPS、NOKIA 與 SONY 共同研發的一種短距離非接觸式通訊技術，可在您的手機與其他 NFC 裝置之間傳輸資訊，例如手機、NFC 標籤或支付裝置，因此逐漸成為行動交易、行銷接收工具的最佳解決方案。

- Network Economy（網路經濟）：是一種分散式的經濟，帶來了與傳統經濟方式完全不同的改變，最重要的優點就是可以去除傳統中間化，降低市場交易成本，整個經濟體系的市場結構也出現了劇烈變化，這種現象讓自由市場更有效率地靈活運作。

- Network Effect（網路效應）：對於網路經濟所帶來的效應而言，有一個很大的特性就是產品的價值取決於其總使用人數，透過網路無遠弗屆的特性，一旦使用者數目跨過門檻，也就是越多人有這個產品，那麼它的價值自然越高，登時展開噴出行情。

- New Visit（新造訪）：沒有任何造訪紀錄的訪客，數字愈高表示廣告成功地吸引了全新的消費訪客。

- Omni-Channel（全通路）：全通路是利用各種通路為顧客提供交易平台，以消費者為中心的 24 小時營運模式，並且消除各個通路間的壁壘，以前所未見的速度與範圍連結至所有消費者，包括在實體和數位商店之間的無縫轉換，去真正滿足消費者的需要，提供了更客製化的行銷服務，不管是透過線上或線下都能達到最佳的消費體驗。

- Online Analytical Processing ,OLAP（線上分析處理）：可被視為是多維度資料分析工具的集合，使用者在線上即能完成的關聯性或多維度的資料庫（例如資料倉儲）的資料分析作業並能即時快速地提供整合性決策。

- Online and Offline（ONO）：就是將線上網路商店與線下實體店面能夠高度結合的共同經營模式，從而實現線上線下資源互通，雙邊的顧客也能彼此引導與消費的局面。

- Online Broker（線上仲介商）：主要的工作是代表其客戶搜尋適當的交易對象，並協助其完成交易，藉以收取仲介費用，本身並不會提供商品，包括證券網路下單、線上購票等。

- Online Community Provider, OCP（線上社群提供者）：是聚集相同興趣的消費者形成一個虛擬社群來分享資訊、知識、甚或販賣相同產品。多數線上社群提供者會提供多種讓使用者互動的方式，可以為聊天、寄信、影音、互傳檔案等。

- Online interacts with Offline（OIO）：就是線上線下互動經營模式，近年電商業者陸續建立實體據點與體驗中心，即除了電商提供網購服務之外，並協助實體零售業者在既定的通路基礎上，可以給予消費者與商品面對面接觸，並且為消費者提供交貨或者送貨服務，彌補了電商平台經營服務的不足。

- Offline mobile Online（OMO 或 O2M）：更強調的是行動端，打造線上 - 行動 - 線下三位一體的全通路模式，形成實體店家、網路商城、與行動終端深入整合行銷，並在線下完成體驗與消費的新型交易模式。

- Online Service Offline（OSO）：所謂 OSO（Online Service Offline）模式並不是線上與線下的簡單組合，而是結合 O2O 模式與 B2C 的行動電商模式，把用戶服務納入進來的新型電商運營模式即線上商城 + 直接服務 + 線下體驗。

- Offline to Online（反向 O2O）：從實體通路連回線上，消費者可透過在線下實際體驗後，透過 QR code 或是行動終端連結等方式，引導消費者到線上消費，並且在線上平台完成購買並支付。

- Online to Offline（O2O）：O2O 模 式 就 是 整 合「線 上（Online）」與「線 下（Offline）」兩種不同平台所進行的一種行銷模式，也就是將網路上的購買或行銷活動帶到實體店面的模式。

- On-Line Transaction Processing, OLTP （線上交易處理）：是指經由網路與資料庫的結合，以線上交易的方式處理一般即時性的作業資料。

- Organic Traffic（自然流量）：指訪問者通過搜尋引擎，由搜尋結果進去你的網站的流量，通常品質是較好。

- Page View, PV（頁面瀏覽次數）：是指在瀏覽器中載入某個網頁的次數，如果使用者在進入網頁後按下重新載入按鈕，就算是另一次網頁瀏覽。簡單來說就是瀏覽的總網頁數。數字越高越好，表示你的內容被閱讀的次數越多。

- Parallel Processing（平行處理）：這種技術是同時使用多個處理器來執行單一程式，借以縮短運算時間。其過程會將資料以各種方式交給每一顆處理器，為了實現在多核心處理器上程式性能的提升，還必須將應用程式分成多個執行緒來執行。

- PayPal：是全球最大的線上金流系統與跨國線上交易平台，適用於全球 203 個國家，屬於 ebay 旗下的子公司，可以讓全世界的買家與賣家自由選擇購物款項的支付方式。

- Pop-Up Ads（彈出式廣告）：當網友點選連結進入網頁時，會彈跳出另一個子視窗來播放廣告訊息，強迫使用者接受，並連結到廣告主網站。

- Portal（入口網站）：是進入 WWW 的首站或中心點，它讓所有類型的資訊能被所有使用者存取，提供各種豐富個別化的服務與導覽連結功能。當各位連上入口網站的首頁，可以藉由分類選項來達到各位要瀏覽的網站，同時也提供許多的服務，諸如：搜尋引擎、免費信箱、拍賣、新聞、討論等，例如 Yahoo、Google、蕃薯藤、新浪網等。

- Porter five forces analysis（五力分析模型）：全球知名的策略大師麥可‧波特（Michael E. Porter）於 80 年代提出以五力分析模型（Porter five forces analysis）作為競爭策略的架構，他認為有 5 種力量促成產業競爭，每一個競爭力都是為對稱關係，透過這五方面力的分析，可以測知該產業的競爭強度與獲利潛力，並且有效的分析出客戶的現有競爭環境。五力分別是供應商的議價能力、買家的議價能力、潛在競爭者進入的能力、替代品的威脅能力、現有競爭者的競爭能力。

- Positioning（市場定位）：是檢視公司商品能提供之價值，向目標市場的潛在顧客介紹商品的價值。品牌定位是 STP 的最後一個步驟，也就是針對作好的市場區隔及目標選擇，為企業立下一個明確不可動搖的層次與品牌印象。

- Pre-roll（插播廣告）：影片播放之前的插播廣告。

- Private Cloud（私有雲）：是將雲基礎設施與軟硬體資源建立在防火牆內，以供機構或企業共享數據中心內的資源。

- Public Cloud（公用雲）：是透過網路及第三方服務供應者，提供一般公眾或大型產業集體使用的雲端基礎設施，通常公用雲價格較低廉。

- Publisher（出版商）：平台上的個體，廣告賣方，例如媒體網站 Blogger 的管理者，以提供網站固定版位給予廣告主曝光。例如 Facebook 發展至今，已經成為網路出版商（Online Publishers）的重要平台。

- Quick Response Code, QR Code：是在 1994 年由日本 Denso-Wave 公司發明，利用線條與方塊所除了文字之外，還可以儲存圖片、記號等相關資訊。QR Code 連結行銷相關的應用相當廣泛，可針對不同屬性活動搭配不同的連結內容。

- Radio Frequency IDentification, RFID（無線射頻辨識技術）：是一種自動無線識別數據獲取技術，可以利用射頻訊號以無線方式傳送及接收數據資料，例如在所出售的衣物貼上晶片標籤，透過 RFID 的辨識，可以進行衣服的管理，例如全球最大的連鎖通路商 Wal-Mart 要求上游供應商在貨品的包裝上裝置 RFID 標籤，以便隨時追蹤貨品在供應鏈上的即時資訊。

- Reach（觸及）：一定期間內，個用來記錄廣告至少一次觸及到了多少人的總數。

- Referral Traffic（推薦流量）：其他網站上有你的網站連結，訪客透過點擊連結，進去你的網站的流量。

- Real-time bidding ,RTB（即時競標）：即時競標為近來新興的目標式廣告模式，相當適合強烈網路廣告需求的電商業者，由程式瞬間競標拍賣方式，廣告購買方對某一個曝光出價，價高者得標，贏家的廣告會馬上出現在媒體廣告版位，可以提升廣告主的廣告投放效益。至於無得標（Zero Win Rate）則是在即時競價（RTB）中，沒有任何特定廣告買主得標的狀況。

- Referral（參照連結網址）：Google Analytics 會自動識別是透過第三方網站上的連結而連上你的網站，這類流量來源則會被認定為參照連結網址，也就是從其他網站到我們網站的流量。

- Relationship Marketing（關係行銷）：是以一種建構在「彼此有利」為基礎的觀念，強調銷售是關係的開始，而非交易的結束，發展出了解顧客需求，而進行顧客服務，以建立並維持與個別顧客的關係，謀求雙方互惠的利益。

- Repeat Visitor（重複訪客）：訪客至少有一次或以上造訪紀錄。

- Responsive Web Design, RWD：RWD 開發技術已成了新一代的電商網站設計趨勢，因為 RWD 被公認為是能夠對行動裝置用戶提供最佳的視覺體驗，原理是使用 CSS3 以百分比的方式來進行網頁畫面的設計，在不同解析度下能自動改變網頁頁面的佈局排版，讓不同裝置都能以最適合閱讀的網頁格式瀏覽同一網站，不用一直忙著縮小放大拖曳，給使用者最佳瀏覽畫面。

- Retention time（停留時間）：是指瀏覽者或消費者在網站停留的時間。

- Return of Investment, ROI（投資報酬率）：指通過投資一項行銷活動所得到的經濟回報，以百分比表示，計算方式為淨收入（訂單收益總額 – 投資成本）除以「投資成本」。

- Return on Ad Spend, ROAS（廣告收益比）：計算透過廣告所有花費所帶來的收入比率。

- Revolving-door Effect（旋轉門效應）：許多企業往往希望不斷的拓展市場，經常把焦點放在吸收新顧客上，卻忽略了手邊原有的舊客戶，如此一來，也就是費盡心思地將新顧客拉進來時，被忽略的舊用戶又從後門悄悄的溜走了。

- Segmentation（市場區隔）：是指任何企業都無法滿足所有市場的需求，應該著手建立產品的差異化，企業在經過分析市場的機會後，接著便在該市場中選擇最有利可圖的區隔市場，並且集中企業資源與火力，強攻下該市場區隔的目標市場。

- Search Engine Results Page, SERP（搜尋結果頁面）：是使用關鍵字，經搜尋引擎根據內部網頁資料庫查詢後，所呈現給使用者的自然搜尋結果的清單頁面，SERP 的排名是越前面越好。

- Search Engine Optimization, SEO（搜尋引擎最佳化）：也稱作搜尋引擎優化，是近年來相當熱門的網路行銷方式，就是一種讓網站在搜尋引擎中取得 SERP 排名優先方式，終極目標就是要讓網站的 SERP 排名能夠到達第一。

- Secure Electronic Transaction, SET（安全電子交易機制）由信用卡國際大廠 VISA 及 MasterCard，在 1996 年共同制定並發表的安全交易協定，並陸續獲得 IBM、Microsoft、HP 及 Compaq 等軟硬體大廠的支持，加上 SET 安全機制採用非對稱鍵值加密系統的編碼方式，並採用知名的 RSA 及 DES 演算法技術，讓傳輸於網路上的資料更具有安全性。

- Secure Socket Layer, SSL（網路安全傳輸協定）：於 1995 年間由網景（Netscape）公司所提出，是一種 128 位元傳輸加密的安全機制，目前大部分的網頁伺服器或瀏覽器，都能夠支援 SSL 安全機制。

- Service Provider（服務提供者）：是比傳統服務提供者更有價值、便利與低成本的網站服務，收入可包括訂閱費或手續費。例如翻開報紙的求職欄，幾乎都被五花八門分類小廣告佔領所有廣告版面，而一般正當的公司企業，除了偶爾刊登求才廣告來塑造公司形象外，大部分都改由網路人力銀行中尋找人才。

- Session（工作階段）：工作階段（Session）代表指定的一段時間範圍內在網站上發生的多項使用者互動事件；舉例來說，一個工作階段可能包含多個網頁瀏覽、滑鼠點擊事件、社群媒體連結和金流交易。當一個工作階段的結束，可能就代表另一個工作階段的開始。一位使用者可開啓多個工作階段。

- Sharing Economy（共享經濟）：這種模式正在日漸成長，共享經濟的成功取決於建立互信，以合理的價格與他人共享資源，同時讓閒置的商品和服務創造收益，讓有需要的人得以較便宜的代價借用資源。

- Shopping Cart Abandonment, CTAR（購物車放棄率）：是指顧客最後拋棄購物車的數量與總購物車成交數量的比例。

- Six Degrees of Separation（六度分隔理論）：哈佛大學心理學教授米爾格藍（Stanely Milgram）所提出的「六度分隔理論」（Six Degrees of Separation, SDS）運作，是說在人際網路中，要結識任何一位陌生的朋友，中間最多只要通過六個朋友就可以。換句話說，最多只要透過六個人，你就可以連結到全世界任何一個人。例如像 Facebook 類型的 SNS 網路社群就是六度分隔理論的最好證明。

- Social Media Marketing （社群行銷）：就是透過各種社群媒體網站，讓企業吸引顧客注意而增加流量的方式。由於大家都喜歡在網路上分享與交流，透過朋友間的串連、分享、社團、粉絲頁與動員令的高速傳遞，創造了互動性與影響力強大的平台，進而提高企業形象與顧客滿意度，並間接達到產品行銷及消費，所以被視為是便宜又有效的行銷工具。

- Social Networking Service, SNS（社群網路服務）：Web 2.0 體系下的一個技術應用架構，隨著各類部落格及社群網站（SNS）的興起，網路傳遞的主控權已快速移轉到網友手上，從早期的 BBS、論壇，一直到近期的部落格、Plurk（噗浪）、Twitter（推特）、Pinterest、Instagram、微博、Facebook 或 YouTube 影音社群，主導了整個網路世界中人跟人的對話。

- Social、Location、Mobile , SoLoMo（SoLoMo 模式）：是由 KPCB 合夥人約翰、杜爾（John Doerr）在 2011 年提出的一個趨勢概念，強調「在地化的行動社群活動」，主要是因為行動裝置的普及和無線技術的發展，讓 Social（社交）、Local（在

地)、Mobile（行動）三者合一能更為緊密結合，顧客會同時受到社群（Social）、行動裝置（Mobile）、以及本地商店資訊（Local）的影響，稱為 SOMOLO 消費者。

- Spam（垃圾郵件）：網路上亂發的垃圾郵件之類的廣告訊息。

- Spark：Apache Spark，是由加州大學柏克萊分校的 AMPLab 所開發，是目前大數據領域最受矚目的開放原始碼（BSD 授權條款）計畫，Spark 相當容易上手使用，可以快速建置演算法及大數據資料模型，目前許多企業也轉而採用 Spark 做為更進階的分析工具，也是目前相當看好的新一代大數據串流運算平台。

- Start Page（起始網頁）：訪客用來搜尋您網站的網頁。

- Stay at Home Economic（宅經濟）：這個名詞迅速火紅，在許多報章雜誌中都可以看見它的身影，「宅男、宅女」這名詞是從日本衍生而來，指許多整天呆坐在家中看 DVD、玩線上遊戲等地消費群，在這一片不景氣當中，宅經濟帶來的「宅」商機卻創造出另一個經濟奇蹟，也為遊戲產業注入一股新的活水。

- Streaming Media（串流媒體）：是近年來熱門的一種網路多媒體傳播方式，它是將影音檔案經過壓縮處理後，再利用網路上封包技術，將資料流不斷地傳送到網路伺服器，而用戶端程式則會將這些封包一一接收與重組，即時呈現在用戶端的電腦上，讓使用者可依照頻寬大小來選擇不同影音品質的播放。

- Structured Data（結構化資料）：則是目標明確，有一定規則可循，每筆資料都有固定的欄位與格式，偏向一些日常且有重覆性的工作，例如薪資會計作業、員工出勤記錄、進出貨倉管記錄等。

- Supply Chain（供應鏈）：觀 源自於物 （Logistics），目標是將上游零組件供應商、製造商、流通中心，以及下游零售商上下游供應商成為夥伴，以 低整體庫存之水準或提高顧客滿意度為宗旨。

- Supply Chain Management; SCM（供應鏈管理） 的目標是將上游零組件供應商、製造商、流通中心，以及下游零售商上下游供應商成為夥伴，以 低整體庫存之水準或提高顧客滿意 為宗旨。如果企業能作好供應鏈的管理，可大 提高競爭優勢，而這也是企業不可避免的趨勢。

- Supply Side Platform, SSP（供應方平台）：幫助網路媒體（賣方，如部落格、FB 等），託管其廣告位和廣告交易，就是擁有流量的一方，出版商能夠在 SSP 上管理自己的廣告位，可以獲得最高的有效展示費用。

- SWOT Analysis（SWOT 分析）：是由世界知名的麥肯錫咨詢公司所提出，又稱為態勢分析法，是一種很普遍的策略性規劃分析工具。當使用 SWOT 分析架構時，可以從對企業內部優勢與劣勢與面對競爭對手所可能的機會與威脅來進行分析，然後從面對的四個構面深入解析，分別是企業的優勢（Strengths）、劣勢（Weaknesses）、與外在環境的機會（Opportunities）和威脅（Threats），就此四個面向去分析產業與策略的競爭力。

- Targeting（市場目標）：是指完成了市場區隔後，我們就可以依照我們的區隔來進行目標的選擇，把這適合的目標市場當成你的最主要的戰場，將目標族群進行更深入的描述，設定那些最可能族群，從中選擇適合的區隔做為目標對象。

- Target Keyword（目標關鍵字）：就是網站確定的主打關鍵字，也就是網站上目標使用者搜索量相對最大與最熱門的關鍵字，會為網站帶來大多數的流量，並在搜尋引擎中獲得排名的關鍵字。

- The Long Tail（長尾效應）：全球化所帶動的新現象，只要通路夠大，非主流需求量小的商品總銷量也能夠和主流需求量大的商品銷量抗衡。

- The Sharing Economy（共享經濟）：這樣的經濟體系是讓個人都有額外創造收入的可能，就是透過網路平台所有的產品、服務都能被大眾使用、分享與出租的概念，例如類似計程車「共乘服務」（Ride-sharing Service）的 Uber。

- The Two Tap Rule（兩次點擊原則）：一旦你打開你的 APP，如果要點擊兩次以上才能完成使用程序，就應該馬上重新設計。

- Third-Party Payment（第三方支付）：就是在交易過程中，除了買賣雙方外由具有實力及公信力的「第三方」設立公開平台，做為銀行、商家及消費者間的服務管道代收與代付金流，就可稱為第三方支付。第三方支付機制建立了一個中立的支付平台，為買賣雙方提供款項的代收代付服務。

- Traffic（流量）：是指該網站的瀏覽頁次（Page view）的總合名稱，數字愈高表示你的內容被點擊的次數越高。

- Trusted Service Manager, TSM（信任服務管理平台）：是銀行與商家之間的公正第三方安全管理系統，也是一個專門提供 NFC 應用程式下載的共享平台，主要負責中間的資料交換與整合，在台灣建立 TSM 平台的業者共有四家，商家可向 TSM 請款，銀行則付款給 TSM。

A

老鳥鐵了心都要懂得最夯數位行銷術語

A-25

- Ubiquinomics（隨經濟）：盧希鵬教授所創造的名詞，是指因為行動科技的發展，讓消費時間不再受到實體通路營業時間的限制，行動通路成了消費者在哪裡，通路即在哪裡，消費者隨時隨處都可以購物。

- Ubiquity（隨處性）：能夠清楚連結任何地域位置，除了隨處可見的行銷訊息，還能協助客戶隨處了解商品及服務，滿足使用者對即時資訊與通訊的需求。

- Unstructured Data（非結構化資料）：是指那些目標不明確，不能數量化或定型化的非固定性工作、讓人無從打理起的資料格式，例如社交網路的互動資料、網際網路上的文件、影音圖片、網路搜尋索引、Cookie 紀錄、醫學記錄等資料。

- Upselling（向上銷售、追加銷售）：鼓勵顧客在購買時是最好的時機進行追加銷售，能夠銷售出更高價或利潤率更高的產品，以獲取更多的利潤。

- Unique Page view（不重複瀏覽量）：是指同一位使用者在同一個工作階段中產生的網頁瀏覽，也代表該網頁獲得至少一次瀏覽的工作階段數（或稱拜訪次數）。

- Unique User, UV（不重複訪客）：在特定的時間內時間之內所獲得的不重複（只計算一次）訪客數目，如果來造訪網站的一台電腦用戶端視為一個不重複訪客，所有不重複訪客的總數。

- User（使用者）：在 GA 中，使用者指標是用識別使用者的方式（或稱不重複訪客），所謂使用者通常指同一個人，「使用者」指標會顯示與所追蹤的網站互動的使用者人數。例如如果使用者 A 使用「同一部電腦的相同瀏覽器」在一個禮拜內拜訪了網站 5 次，並造成了 12 次工作階段，這種情況就會被 Google Analytics 紀錄為 1 位使用者、12 次工作階段。

- User Generated Content, UCG（使用者創作內容）：是代表由使用者來創作內容的一種行銷方式，這種聚集網友創作來內容，也算是近年來蔚為風潮的內容行銷手法的一種。

- User Interface, UI（使用者介面）：是一種虛擬與現實互換資訊的橋樑，以浩瀚的網際網路資訊來說，UI 是人們真正會使用的部分，它算是一個工具，用來和電腦做溝通，以便讓瀏覽者輕鬆取得網頁上的內容。

- User Experience, UX（使用者體驗）：著重在「產品給人的整體觀感與印象」，這印象包括從行銷規劃開始到使用時的情況，也包含程式效能與介面色彩規劃等印象。所以設計師在規劃設計時，不單只是考慮視覺上的美觀清爽而已，還要考慮使用者使用時的所有細節與感受。

- UTM, Urchin Tracking Module：UTM 是發明追蹤網址成效表現的公司縮寫，作法是將原本的網址後面連接一段參數，只要點擊到帶有這段參數的連結，Google Analytics 都會記錄其來源與在網站中的行 。

- Video On Demand, VoD（隨選視訊）：是一種嶄新的視訊服務，使用者可不受時間、空間的限制，透過網路隨選並即時播放影音檔案，並且可以依照個人喜好「隨選隨看」，不受播放權限、時間的約束。

- Viral Marketing（病毒式行銷）：身處在數位世界，每個人都是一個媒體中心，可以快速的自製並上傳影片、圖文，行銷如病毒般擴散，並且一傳十、十傳百地快速轉寄這些精心設計的商業訊息，病毒行銷要成功，關鍵是內容必須在「吵雜紛擾」的網路世界脫穎而出，才能成功引爆話題。

- Virtual Hosting：（虛擬主機）是網路業者將一台伺服器分割模擬成為很多台的「虛擬」主機，讓很多個客戶共同分享使用，平均分攤成本，也就是請網路業者代管網站的意思，對使用者來說，就可以省去架設及管理主機的麻煩。

- Virtual Reality Modeling Language, VRML（虛擬實境技術）：是一種程式語法，主要是利用電腦模擬產生一個三度空間的虛擬世界，提供使用者關於視覺、聽覺、觸覺等感官的模擬，利用此種語法可以在網頁上建造出一個 3D 的立體模型與立體空間。VRML 最大特色在於其互動性與即時反應，可讓設計者或參觀者在電腦中就可以獲得相同的感受，如同身處在真實世界一般，並且可以與場景產生互動，360 度全方位地觀看設計成品。

- Visibility（廣告能見）：廣告的能見度就是指廣告有沒有被網友給看到，也就是確保廣告曝光的有效性，例如以 IAB ／ MRC 所制定的基準，是指影音廣告有 50% 在持續播放過程中至少可被看見兩秒。

- Web Analytics（網站分析）：所謂網站分析就是透過網站資料的收集，進一步作為種網站訪客行為的研究，接著彙整成有用的圖表資訊，透過這些所得到的資訊與關鍵績效指標來加以判斷該網站的經營情況，以作為網站修正、行銷活動或決策改進的依據。

- Webinar：是指透過網路舉行的專題討論或演講，稱為「網路線上研討會」（Web Seminar 或 Online Seminar），目前多半可以透過社群平台的直播功能，提供演講者與參與者更多互動的新式研討會。

- Website（網站）：就是用來放置網頁（Page）及相關資料的地方，當我們使用工具設計網頁之前，必須先在自己的電腦上建立一個資料夾，用來儲存所設計的網頁檔案，而這個檔案資料夾就稱為「網站資料夾」。

- Widget Ad：是一種桌面的小工具，可以在電腦或手機桌面上獨立執行，讓店家花極少的成本，就可迅速匯集超人氣，由於手機具有個人化的優勢，算是目前市場滲透率相當高的行銷裝置。

讀者回函

讀者回函

GIVE US A PIECE OF YOUR MIND

感謝您購買本公司出版的書,您的意見對我們非常重要!由於您寶貴的建議,我們才得以不斷地推陳出新,繼續出版更實用、精緻的圖書。因此,請填妥下列資料(也可直接貼上名片),寄回本公司(免貼郵票),您將不定期收到最新的圖書資料!

購買書號: **書名:**

姓　　名:＿＿＿＿＿＿＿＿＿＿＿＿＿＿＿＿＿＿＿＿＿

職　　業:□上班族　□教師　□學生　□工程師　□其它

學　　歷:□研究所　□大學　□專科　□高中職　□其它

年　　齡:□10~20　□20~30　□30~40　□40~50　□50~

單　　位:＿＿＿＿＿＿＿＿＿　部門科系:＿＿＿＿＿＿＿＿

職　　稱:＿＿＿＿＿＿＿＿＿　聯絡電話:＿＿＿＿＿＿＿＿

電子郵件:＿＿＿＿＿＿＿＿＿＿＿＿＿＿＿＿＿＿＿＿＿

通訊住址:□□□ ＿＿＿＿＿＿＿＿＿＿＿＿＿＿＿＿＿＿
＿＿＿＿＿＿＿＿＿＿＿＿＿＿＿＿＿＿＿＿＿＿＿＿＿＿＿

您從何處購買此書:

□書局＿＿＿＿　□電腦店＿＿＿＿　□展覽＿＿＿＿　□其他＿＿＿＿

您覺得本書的品質:

內容方面:　□很好　　□好　　　□尚可　　□差

排版方面:　□很好　　□好　　　□尚可　　□差

印刷方面:　□很好　　□好　　　□尚可　　□差

紙張方面:　□很好　　□好　　　□尚可　　□差

您最喜歡本書的地方:＿＿＿＿＿＿＿＿＿＿＿＿＿＿＿＿＿

您最不喜歡本書的地方:＿＿＿＿＿＿＿＿＿＿＿＿＿＿＿＿

假如請您對本書評分,您會給(0~100分):＿＿＿＿＿分

您最希望我們出版那些電腦書籍:

請將您對本書的意見告訴我們:

您有寫作的點子嗎?□無　□有　專長領域:＿＿＿＿＿＿＿＿

歡迎您加入博碩文化的行列哦!

請沿虛線剪下寄回本公司

博碩文化網站　　http://www.drmaster.com.tw

Give Us a Piece Of Your Mind

廣　告　回　函
台灣北區郵政管理局登記證
北 台 字 第 4 6 4 7 號
印 刷 品 ・ 免 貼 郵 票

221

博碩文化股份有限公司　產品部

新北市汐止區新台五路一段112號10樓A棟

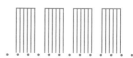

如何購買博碩書籍

全 省書局

請至全省各大書局、連鎖書店、電腦書專賣店直接選購。

（書店地圖可至博碩文化網站查詢，若遇書店架上缺書，可向書店申請代訂）

信 用卡及劃撥訂單（優惠折扣85折，未滿1,000元請加運費80元）

請於劃撥單備註欄註明欲購之書名、數量、金額、運費，劃撥至

帳號：17484299　戶名：博碩文化股份有限公司，並將收據及

訂購人連絡方式傳真至(02)26962867。

線 上訂購

請連線至「博碩文化網站 http://www.drmaster.com.tw」，於網站上查詢

優惠折扣訊息並訂購即可。

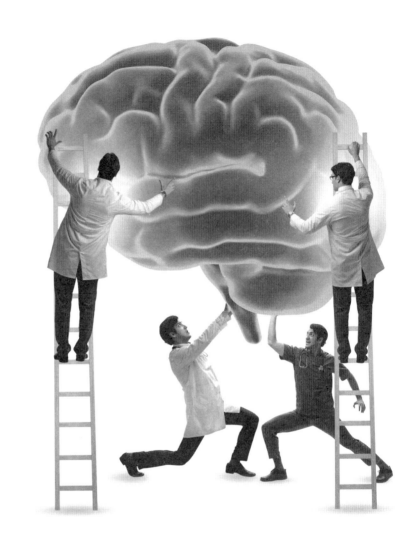

油漆式速記多國語言雲端學習系統

試用官網

廠商名稱：榮欽科技股份有限公司
https://pmm.zct.com.tw/zct_add/

Volume
people 眾聲大數據

股市消息滿天飛，多空訊息如何判讀？
看到利多消息就進場，你接到的是金條還是刀？

消息面是基本面的溫度計
更是籌碼面的照妖鏡
不當擦鞋童，就從了解消息面開始

眾聲大數據用 AI 幫您過濾多空訊息
用聲量看股票
讓量化的消息面數據讓您快速掌握股市風向
掃描 QR Code 加入「聲量看股票」LINE 官方帳號
獲得最新股市消息面數據資訊